JN324104

医学・薬学のための Based Science

化学入門

枝窪 俊輔 著

現代数学社

はじめに

　わたしは化学の専門家でもなんでもありません．学生時代には格別得意というわけでもありませんでした．というのも，化学は物理や数学に比べて法則や物質の色など覚えておかなければならないものが多くて…

　わたしが勉強した受験参考書は本質的に覚えることは何かや，考え方はあまり書いておらず，問題に取り組むたびに時間がかかって大変でした．

　化学といえば毎年秋に話題になるノーベル賞では，2000年から2002年の3年連続，2008年，2010年と日本人にノーベル化学賞が贈られています．

　日本人に限らず，近年の受賞理由をみてみると，最近はいわゆる生命科学や高分子化合物に関する研究の比率が高くなっていますし，化学賞と医学・生理学賞の境目もますます不明瞭になっています．かのMassachusetts工科大学（MIT）やHarvard大学では生命科学の履修が全学部で必修になったとも聞いています．しかも，学生だけでなく，ナント教官も学習する義務があるとか！これは生命についての基礎知識なく未来への貢献は出来ないという啓示でしょうか．

　わたしも生命科学に携わる一員として，その入門となる学問，『化学』を教える機会に恵まれ，そのなかでわたしより若い学生と一緒になって考えたこと，わたしがまとめたことを，できるだけ多くの方に伝えたいと想い筆を執った次第です．

この本のほとんどは，高校化学の curriculum に沿っているつもりですが，こだわりがあってのことではないので一部 overlap している部分や欠落している部分があるかもしれません．この本を読んで，化学に限らず科学～Science に興味を持ってもらえたら，それ以上の喜びはありません．

　＊このテキストは月刊『理系への数学』2003年4月号から2005年3月号に連載された column を一部加筆修正したものです．

目　次

はじめに

第1講　序論——数理科学的基盤の構築 ……………………1
  1.1　比の話　1
  1.2　単位・次元　1
  1.3　有効数字（Significant digits）と四則演算　2
  1.4　物理法則　4

第Ⅰ部　総　論

第2講　物質の構造——構成要素と結合・周期律……………14
  2.1　原子とその構造　14
  2.2　化学結合　22
  2.3　周期表　24
  2.4　固体の構造　26

第3講　物質の変化(1)——気体の性質 …………………………32
  3.1　アボガドロ Avogadro の法則　34
  3.2　ボイル Boyle・シャルル Charles の法則　34

第4講　物質の変化(2)——溶液の性質(1) ……………………43
  4.1　溶液　43
  4.2　溶液の濃度　43
  4.3　溶解度　45
  4.1　希薄溶液の性質　51

第5講　物質の変化(3)——溶液の性質(2) ……………………57

5.1　浸透圧　59

5.2　コロイド colloid　63

5.3　コロイド溶液の性質　63

5.4　ミセルと細胞膜　68

第6講　熱化学方程式 …………………………………………70

6.1　いろいろな反応熱　71

6.2　生成熱　71

6.3　燃焼熱　71

6.4　中和熱　72

6.5　溶解熱　72

6.6　蒸発熱　72

6.7　ヘス Hess の法則　73

6.8　結合エネルギー　76

6.9　エネルギー図の書き方　77

第7講　反応速度と化学平衡 …………………………………81

7.1　反応速度　81

7.2　活性化エネルギー　82

第8講　酸と塩基 ………………………………………………90

8.1　水のイオン積　92

8.2　液性　92

第9講　緩衝溶液＆酸化還元反応 ……………………………102

9.1 酸化と還元　106
9.2 酸化剤　107
9.3 還元剤　108

第10講　電池と電気分解 …………………………………………112
10.1 イオン化傾向　112
10.2 電気分解　118

第II部　各論(1)有機化学

第11講　有機化学(1)——総論と炭化水素 ……………………124
11.1 官能基　124
11.2 飽和と不飽和　125
11.3 異性体　125
11.4 炭化水素　128

第12講　有機化学(2)——脂肪酸化合物 アルコール…………136
12.1 アルコール alchol　136

第13講　有機化学(3)——カルボン酸・エステル・油脂・石鹸 …148
13.1 カルボン酸 carboxylic acid　148
13.2 エステル ester　150
13.3 油脂　154
13.4 セッケン　158

第14講　有機化学(4)——芳香族化合物(1) …………………159
14.1 芳香族炭化水素　159
14.2 フェノール類 phenol　164

第15講　有機化学(5)——芳香族化合物(2) ……………174
- 15.1　ニトロ nitoro 化合物　174
- 15.2　アミン amine　175
- 15.3　ジアゾニウム塩，アゾ化合物　177

第16講　有機化学(6)——天然高分子化合物 ……………187
- 16.1　糖類　187
- 16.2　タンパク質　193

第17講　有機化学(7)——人工高分子化合物 ……………201
- 17.1　ゴム　201
- 17.2　繊維　203
- 17.3　樹脂　205

第Ⅲ部　各論(2)無機化学

第18講　無機化学(1)——気体 ……………212
- 18.1　希ガス　213
- 18.2　その他の主な気体　213
- 18.3　乾燥剤　216

第19講　無機化学(2)——非金属元素 ……………222
- 19.1　17族元素　222
- 19.2　16族元素　223
- 19.3　15族元素　224
- 19.4　14族元素　225

第20講　無機化学(3)——典型元素 ……… 233

20.1　1族金属　233

20.2　2族金属　235

20.3　12, 13, 14族　241

第21講　無機化学(4)——遷移元素 ……… 245

21.1　11族元素　246

21.2　Fe　249

21.3　Cr と Mn　251

第22講　無機化学(5)——工業化学 ……… 254

22.1　アルカリ化学　254

22.2　無機酸工業　256

22.3　金属の製錬　260

第23講　無機化学(6)——イオン分析と沈殿 ……… 266

第24講　高校化学と医学をつなぐ ……… 275

第1講 序論
―― 数理化学的基盤の構築

1.1 比の話

巷に出回っている様々な参考書には色々と計算の"公式"なるものが載っていますが，本質的に**必要な公式はひとつもありません**．必要なのは比の計算だけです．

(例) $\qquad a:b=4:3 \Leftrightarrow \dfrac{a}{b}=\dfrac{4}{3}$

1.2 単位・次元

全ての物理量は**次元**を持っています．次元は物理量を分類するための概念で，当然2つの物理量の大小を比較できるのはそれらが同じ概念の量，すなわち同じ次元である場合のみです．物理法則は物理量相互の関係を表すものなのでそれらの関係を等式で表すならば，両辺は物理量として等しくなければならず，すなわち，両辺の次元は等しくならなければいけません．逆に，計算していって答えの次元が求められているものと違えばそれは絶対に間違っている，ということになりすっとんきょうな答えを書くのを避けられます．単位にはSI単位系といって

$\qquad\qquad$ 長さ $\quad$ メートル $\quad$ m

質量	キログラム	kg
時間	秒	s
電流	アンペア	A
温度	ケルビン	K
物質量	モル	mol

を，またはこれらを組み合わせて用い，単位には以下の様な意味を持つ接頭文字を付けることがあります．

エクサ	exa	E	10^{18}	デシ	deci	d	10^{-1}
ペタ	peta	P	10^{15}	センチ	centi	c	10^{-2}
テラ	tera	T	10^{12}	ミリ	milli	m	10^{-3}
ギガ	giga	G	10^{9}	マイクロ	micro	μ	10^{-6}
メガ	mega	M	10^{6}	ナノ	nano	n	10^{-9}
キロ	kilo	k	10^{3}	ピコ	pico	p	10^{-12}
ヘクト	hecto	h	10^{2}	フェムト	femto	f	10^{-15}
デカ	deca	da	10^{1}	アト	atto	a	10^{-18}

1.3　有効数字（Significant digits）と四則演算

有効数字

　有効数字とは，数値の表現において誤差を含まない数字または誤差の影響を受けない数字のことをいいます．化学の測定では，最小目盛りの1/10まで目分量で読み，その桁までを有効とします．例えば，0.24では**有効数字2桁**という言い方をしますが，その意味は，0.2までは，確実な（つまり，測定した容器などに書いてあった目盛りなので）値ですが，その下の位はあくまで目分量なので，正しいかどうか分からず，真の値 x は $0.235 \leq x \leq$

0.244 の範囲にある数です．このように，0.24 という数は，2桁まで意味のある数なので有効数字2桁と言います．

(例)　1.18×10^{22}：(3桁)　0.306：(3桁)　0.006：(1桁)

位取りの0は含まず，$a\times 10^{b}$ のように表し，$1\leq a<10$，b には $-1, 0, 1$ を除く整数値を入れるのがマナーです．

加減演算

足し算，引き算はおのおの1番くらいの低い桁（誤差を含むくらい）の影響が他の桁に影響しない（掛け算のときによく分かる）ので，**末位が1番高い位にあわせて計算します．**

乗除演算

例えば，0.306×1.18 を計算してみましょう．誤差を含む位を $\dot{}$ をつけて表すことにすると，

$$
\begin{array}{r}
0.30\dot{6} \\
\times\ 1.1\dot{8} \\
\hline
244\dot{8} \\
30\dot{6} \\
30\dot{6} \\
\hline
3.\dot{6}10\dot{8}
\end{array}
$$

これから分かるようにどんどん誤差を含む位が増えてしまうので，あまり多くの桁を取る意味はありません．**一番桁数の少ないものにあわせて計算します．**

※ 近似

有効数字の概念から，化学での計算はそこまで正確さを要求されない場合があります．そのようなときに力を発揮するのが，近似．特に役立つのは

$$(1+x)^n \simeq 1+nx \quad (x \ll 1)$$

これは2項定理から明らかです．例えば，

$$(4.09)^3 = (4+0.09)^3 = \left\{4\left(1+\frac{0.09}{4}\right)\right\}^3 \simeq 64\left(1+\frac{3}{4}0.09\right) = \cdots$$

や，$\sqrt{51} = (7^2+2)^{\frac{1}{2}} = 7\left(1+\frac{2}{49}\right)^{\frac{1}{2}} \simeq 7\left(1+\frac{1}{49}\right) = \cdots$ のように使ったりします．

1.4 物理法則

ルシャトリエ Le Chatelier の原理

　平衡移動の法則とも言われます．（平衡状態：見かけ上変化の起こらなくなった状態．各分子 level で見ると実際には変化はおきているのだが，全体的には変化が起きていないのと同じ．）その本質は「自然は変化を嫌う」という絶対原理です．これはなにも化学に限らず自然科学に共通している原理で，物理学では慣性の法則や Lentz の法則と名前を換えて存在しています．外部から何らかの変化が加えられたとき，その変化を打ち消す，軽減するように平衡は移動するという法則です．練習してみましょう．

―― 例題 1-1 ――――――――――――――――――

$$N_2(g) + 3H_2(g) = 2NH_3(g) + 92kJ$$

　この式の反応が平衡状態にあるとき，次の(1)～(5)の変化を与えた場合，平衡はどのように移動するか．それぞれについて

　a．アンモニア生成の方向へ移動する

　b．アンモニア分解の方向へ移動する

1.4 物理法則

c．どちらへも移動しない

の中から適切なものを選び記号で答えよ．
(1) 温度・一定で，圧力を上げる
(2) 温度・圧力一定で，アンモニアを加える
(3) 温度・圧力一定で，鉄触媒を加える
(4) 温度・圧力一定で，ヘリウムを加える
(5) 温度・体積一定で，ヘリウムを加える

(九州大 一部)

(解答・解説)
(1) 「圧力を減らす向きへ移動」です．圧力∝壁にぶつかる分子の数で，左辺の(総)分子：右辺＝4：2より，平衡は右辺へ移動． ∴ a．
(2) 当然「アンモニアが減る向き」 ∴ b．
(3) 触媒というのは触媒自身は変化せず，その反応形の反応速度のみを変化させる（つまり，最終的に得られる量などは変化しない）物質のことです．これはまた詳しく述べる機会があります． ∴ c．
(4) 圧力一定でヘリウムが加わると，反応物質の圧力は減る（椅子取りゲームみたいに）ので，「圧力が増す向き」 ∴ b．
(5) (4)と違い圧力自体に変化は無い． ∴ c．■

万有引力の法則

A. Newton がリンゴが木から落ちるのを見て発見したとかいう，「全ての物は互いに引き合っている」を主張する法則です．質量が M, m, 距離が r である2物体の間に働く万有引力 F_g は

$$F_g = G\frac{Mm}{r^2}$$

で表される．ここで，G は万有引力定数で 6.673×10^{-11}[N・m²/kg²]（実はこの値は数年前に比べ変化しています！）大事なのは万有引力は重ければ重いほど，近ければ近いほど大きいということ．

クーロン Coulomb の法則

こちらは，電荷をもっている粒子同士に働く力を記述した法則で，万有引力の法則と異なる点は，2つの物体の電化によっては，引き合ったり（引力），反発（斥力）したりするという点です．2つの物体の電荷を Q，q 距離を r とするとその間に働くクーロン力 F_c は向きも含めて（反発しあう方向を正の向きとする）

$$F_c = k\frac{Qq}{r^2}$$

k は Coulomb 定数で，8.99×10^9[J・m²/C²] 万有引力とクーロン力を分子 level で比較した場合，質量は電荷に比べて非常に小さいので $F_c > F_g$ です．

熱力学の法則

温度を定義しておきましょう．あまりに身近なので定義？ と思う人もいるかもしれませんが，統計力学によると温度 T は

$$\frac{d\ln W(E)}{dE} = \frac{1}{kT}$$

（$W(E)$ はエネルギー E をどのように配分するかの場合の数，k はボルツマン Boltzmann 定数）と定義されます．これではよくわかりませんね．私もよくわかりません．

フツーの人には温度の定義式は

1.4 物理法則

$$\frac{1}{2}mv^2 = \frac{3}{2}kT$$

で十分です．ここで，m, v は粒子の質量，速度を表します．ちなみに Boltzmann 定数 $k = R/N_A$ [J/K] で R は気体定数，N_A はアボガドロ Avogadro 数です．値は $1.380658 \times 10^{+23}$ [J/K]．要するに**温度が高いほど，粒子は激しく運動している**ということです．

微分方程式〜一次解析

数学らしい数学の出番はこの分野くらいかもしれません．天然に存在する元素の同位体（次回解説します）の中には，不安定で原子核が自然に変化して，放射線を出し，他の元素になるものが存在します．これらは一定の割合で変化していくので化石など年代測定に用いたり，生体内の化合物の行方を放射線を調べることで追いかけることができます．^{14}C や ^{129}I などが有名です．

原子核の崩壊は確率的な現象で，全体の内の何％が崩壊するかはわかっても，1個の原子に注目してそれがいつ崩壊するかは原理的にはわかりません．そこで次のような扱いをします．時刻に残っている数を $N(t)$ とし，Δt を十分小さく取れば，その間の崩壊数は元の数 $N(t)$ に比例し，その時間 Δt にも比例すると考えてもよいだろうから，

$$\underbrace{N(t) - N(t + \Delta t)}_{\text{崩壊した数＝いなくなった数}} = \lambda N(t) \Delta t \text{ と書ける．}$$

$\Delta t \to 0$ とすると，微分方程式

$$\frac{dN(t)}{dt} = -\lambda N(t) \quad \cdots\cdots (*)$$

が得られる．

変数分離型なので，定石にしたがって，

$$(*) \Longrightarrow \frac{\mathrm{d}N(t)}{N(t)} = -\lambda \, \mathrm{d}t$$

両辺積分して，
$\ln N(t) = -\lambda t + Const.$

$$\Longrightarrow N(t) = e^{-\lambda t + Const.} = N(0) e^{-\lambda t} = N(0) \left(\frac{1}{2}\right)^{t/T}$$

(ただし，両辺に $t=0$ を代入し $N(0) = e^{Const}$, $e^t = 2^{1/T}$: $T = \dfrac{\ln 2}{\lambda}$ とした．) これをグラフにすると，以下のようになる．

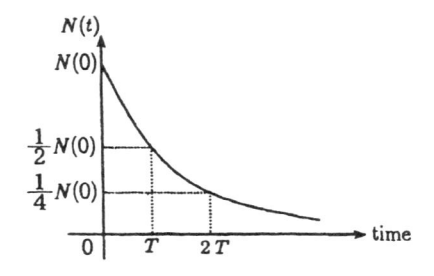

図のように，$N(t)$ は T ごとに半分に減っていく．

例題 1-2

炭素の原子番号は 6 であるが，自然界には質量数が12の $^{12}_{6}C$ と質量数が13の $^{13}_{6}C$ の 2 種類の安定な同位体が存在する．このほかに，質量数14の $^{14}_{6}C$ がごく微量あるが，これは放射性同位体で半減期5730年で β 崩壊をする．$^{14}_{6}C$ は宇宙線によって作られるが，作られる量と β 崩壊によって失われる量がつりあっていて，大気中に場所によらず一定の割合で含ま

れている．この割合は全炭素原子核数の 10^{-12} 程度であり，大気中の炭素1g当たり毎分15.3個のβ崩壊が起こる量に相当する．この割合は昔も今も同じであると考えられている．生きている植物は光合成により大気から常に炭素を取り込んでいる．この炭素は食物連鎖によって動物にも取り込まれる．したがって，$^{14}_{6}C$は生きている生物体にも大気中と同じ割合で常に存在することになる．生物が死ぬと，その時点から$^{14}_{6}C$を取り込めなくなるので，生物体内における$^{14}_{6}C$の割合は $^{14}_{6}C$の半減期にしたがって減少する．以下の設問に答えよ．

Ⅰ $^{14}_{6}C$がβ崩壊してできる原子核の原子番号と質量数はいくらか．

Ⅱ ある古い生物の死体に含まれる炭素を調べてみると，炭素1g当たり毎分1.7個の$^{14}_{6}C$のβ崩壊が起きている．この生物体中の総炭素原子核数に占める$^{14}_{6}C$の数の割合は，大気中での割合と比べて何%になっているか．

Ⅲ この生物はおよそ何年前に死んだものか．
必要があれば，$\log 2 = 0.3010$, $\log 3 = 0.4771$を用いよ．

(東京大 改)

(解答・解説)

Ⅰ β崩壊というのは電子を放出する崩壊のことです．物理でも詳しくやります．
$^{14}_{6}C \longrightarrow {}^{14}_{7}N + e^{-}$

Ⅱ $\dfrac{1.7}{15.3} = 11\%$

Ⅲ 死後，時間が経過して，^{14}Cの割合が $\dfrac{1.7}{15.3} = \dfrac{1}{9}$ にな

ったということだから，
$$\frac{1}{9} = \left(\frac{1}{2}\right)^{t/T}$$

∴ $t = \dfrac{T\log 3}{\log 2} = 1.8 \times 10^4$ 年 ∎

1次解析は薬物の体内での移行経路を考える（薬物動態学）際にも利用されます．（＝1-compartment model）

次の問題は1次解析でない珍しいpatternです．というか，範囲外である微分方程式を解く必要があります．超人気有名私立大だからこそできること!?　数学が得意な皆さんには有利な問題です．

例題1-3

ヨウ化水素の気相における熱分解反応のように，$2\mathrm{HI}(g) \to \mathrm{H_2}(g) + \mathrm{I_2}(g)$ 反応物を A として $2\mathrm{A} \to$ 生成物タイプの二次反応（速度が反応物の濃度の2乗に比例する反応）の速度に関して，以下の問いに答えよ．

(1) 反応物 A の濃度 C を，時間を t，二次反応速度係数を $k(>0)$ とするとき，C の変化の速度 $\dfrac{\mathrm{d}C}{\mathrm{d}t}$ はどのように表現できるか．

(2) A の初濃度を C_0 とし，それより時間 t 経過後の濃度 C_t を C_0, k, t で表現せよ．

(3) C_t が C_0 の半分になるまでに要する時間，すなわち半減期 $t_{\frac{1}{2}}$ を与える一般式を求めよ．

(4) 前問の半減期が200分の場合には，反応開始時より濃度が初濃度の $\dfrac{1}{5}$ になるまでに要する時間は何分か．

(慶應大 医)

(解答・解説)

(1) 題意から，$\dfrac{dC}{dt} = -kC^2$

(2) $\dfrac{dC}{dt} = -kC^2$

$$\Longrightarrow -\dfrac{dC}{C^2} = k\,dt$$

両辺積分して，

$\dfrac{1}{C} = kt + Const.$

$t=0$ で，$C=C_0$ だから，

$Const. = \dfrac{1}{C_0}$

$C = C_t$ と書き換えて

$\dfrac{1}{C_t} = kt + \dfrac{1}{C_0}$

$\Longrightarrow C_t = \dfrac{C_0}{C_0 kt + 1}$

(3) $C_0 = \dfrac{1}{2}C_0$ となる時間が，$t_{\frac{1}{2}}$ だから，

$\dfrac{1}{2}C_0 = \dfrac{C_0}{C_0 k t_{\frac{1}{2}} + 1}$

$\therefore\ t_{\frac{1}{2}} = \dfrac{1}{C_0 k}$

(4) 求める時間を $t_{\frac{1}{5}}$ とすると，

$\dfrac{1}{5}C_0 = \dfrac{C_0}{C_0 k t_{\frac{1}{5}} + 1}$

$\Longrightarrow t_{\frac{1}{5}} = \dfrac{4}{C_0 k} = 4 t_{\frac{1}{2}}$

$= 4 \times 200 = 800$ 分 ∎

今回のまとめ・覚えるべきこと

- 自然は変化を嫌う
- 2物体間に働く力は（質量にせよ電荷にせよ）大きいほど強く，近いほど強い（普通 Coulomb 力≫万有引力）

第I部 総論

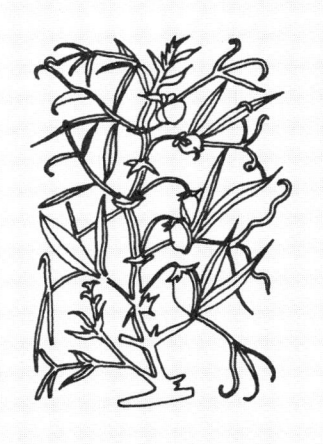

第2講 物質の構造
——構成要素と結合・周期律

2.1 原子とその構造

―― 例題 2-1 ――

次の(あ)〜(き)の分子について，下記の設問に記号で答えなさい．なお，同じ記号を何度用いてもよい．また，答えは1つとは限らない．

(あ) CH_4　(い) CO_2　(う) N_2　(え) NH_3
(お) H_2O　(か) HF　(き) BF_3

(1) (a)二重結合をもつ分子，および(b)三重結合を持つ分子をそれぞれ選びなさい．

(2) 無極性分子の中で，非共有電子対の最も多い分子，および非共有電子対を持たない分子をそれぞれ選びなさい．

(3) 分子間で水素結合を形成しうる分子を選びなさい．

(4) 分子が(a)正四面体形のもの，(b)三角すいのもの，(c)正三角形のものおよび(d)折れ線形のものをそれぞれ選びなさい．

(日本医大)

(解答)
(1) (a) い　(b) う
(2) (a) き　(b) あ
(3) え，お，か

2.1 原子とその構造　15

(4) (a) あ (b) え (c) き (d) お

(解答・解説)

　物質を構成する基本的な粒子を**原子 atom** と呼びます．原子は1個の**原子核**（これは正電荷を持つ**陽子 proton** と電荷を持たない**中性子 neutron** から成る）とそれを取り囲むいくつかの**電子 electron** から成り，電気的に中性である．要するに，原子中の陽子の数＝電子の数です．原子は下図のように，電子が原子核の周りをまるで土星の衛星の様に回っていると考えられています．

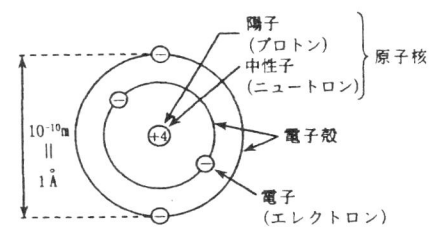

　このモデルを長岡―ラザフォード Rutherford モデル（1911年）といい，後にボーア Bohr がこのモデルの難点（光を放射しエネルギーを徐々に失って半径が小さくなる．遂には潰れてしまう）を Bohr の量子条件 $\oint p dq = nh$（p：運動量，q：位置，h：Planck 定数，$n \in \mathbb{N}$）という仮説を用いることで解決してみせました．原子核に存在する**陽子の数を原子番号**，また，**陽子の数＋中性子の数を質量数**と云い，原子番号や質量数を明記したい場合，下のように元素記号に書き添えて表します．

$$\begin{array}{c}\text{質量数} \longrightarrow 12 \\ \text{原子番号} \longrightarrow 6\end{array} \text{C}$$

♣♠◇♡ *Advanced Study* ♡◇♠♣

原子を細かく細かく分けていくと，陽子，中性子，電子になるわけですが実はこれが最小の単位というわけではないのです．**素粒子**という単位が存在します．現在では，ゲージ粒子 Gauge particle, レプトン粒子 Lepton particle, クォーク Quark の3種類に分類されることが知られています．'02年に Nobel 賞を受賞した小柴東大名誉教授で話題になったニュートリノ Neutrino はレプトン粒子に属します．'00 千葉大 医にクォークについての問題が出題されています．物理の問題なので今回は問題解答を挙げるだけにして解説は省略します．

例題 2-1

クォークは物質を構成する最も基本的な粒子で，陽子や π 中間子などのような粒子クォーク3個でできた重粒子（と反クォーク3個でできた反重粒子）クォーク1個と反クォーク1個でできた中間子の2種類が存在する．

問1 クォークの電荷は，u, c, t クォークが電気素量の $+\dfrac{2}{3}$ 倍で，d, s, b クォークは電気素量の $-\dfrac{1}{3}$ 倍で，反クォークは元のクォークの逆である．このことから，以下のクォークで構成される粒子の電荷は電気素量の何倍になるか答えなさい．（例えば反 u クォークは $\bar{u}$ のように反クォークは ¯ の記号で示している．）

(1) u u d   (2) u $\bar{s}$
(3) u u c   (4) b $\bar{u}$
(5) $\bar{u}$ $\bar{d}$ $\bar{d}$

問2　粒子と反粒子が衝突すれば共に消滅してエネルギーが解放される（対消滅）．逆に，十分なエネルギーがあれば粒子と反粒子がペアで生まれる（対生成）．例題のように，以下の(1)と(2)の反応において下線を引いた粒子が何のクォークで構成されているかを答えなさい．

例題　$\underline{\Delta^-$粒子$}$は中性子（u d d）と π^-(d $\bar{u}$) に崩壊する．

例題の解答　d d d

解説　反応が終了した状態では全体でクォーク4個と反クォーク1個でその差は3個なので，Δ^-粒子はクォーク3個で構成される重粒子である．Δ^-粒子の崩壊の際に余分なエネルギーがクォーク・反クォークの対形成に使え割れたが，終状態での中で反クォークは$\bar{u}$なのでこの崩壊反応ではu$\bar{u}$が対生成された．したがって崩壊前から存在していてΔ^-粒子を構成していたのは残りのd d dである．

(1) $\underline{\phi$粒子$}$は K^+(u$\bar{s}$) と K^-(s$\bar{u}$) にも，K^0(d$\bar{s}$) と $\overline{K^0}$(s$\bar{d}$) にも崩壊できる．

(2) 中性子と π^- が衝突して K^0 と $\underline{\Sigma^-$粒子$}$が生まれた．

(千葉大 医)

(解答)

問1　(1)　1倍　(2)　$\frac{1}{3}$倍　(3)　2倍　(4)　−1倍
(5)　0倍

問2　(1)　s$\bar{s}$　(2)　dds　■

(*Advanced Study* 終わり)

電子殻（K，L，M，…）には収容できる電子の個数が決まっています．電子殻は1種類以上の**副殻**から構成され，さらにその副殻

は種類に応じて**軌道**が存在しています．

電子殻はエネルギー準位が少しずつ異なる s，p，d，f，… であらわされる副殻が存在していて，(K，L，M，… を**主殻**とも言う) それぞれ 1，3，5 個，… のように奇数個の軌道があります．各軌道には電子が 2 個まで収容されます．(2 個揃っていると**電子対**とよび，そうでないものを**不対電子**といいます．) ですから，主殻 K($n=1$)，L($n=2$)，M($n=3$)，… にはそれぞれ最大で電子は，2，8，18，…$2n^2$ 個まで収容されます．(軌道の総数が K 殻から順に順番に 1 個，1+3=4 個，1+3+5=9 個… だから)

代表的な軌道の概形を示します．

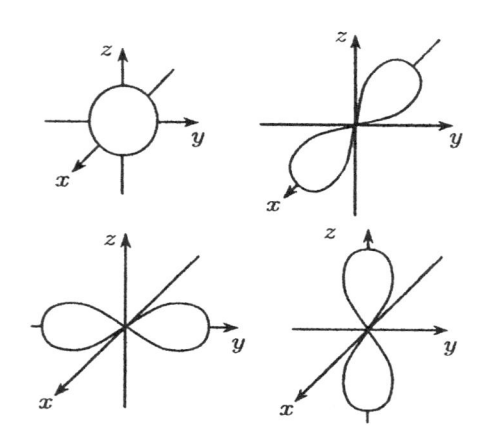

どういうことかというと，電子のような微粒子では不確定性原理から位置と速度を同時に決定できないので，空間のどこら辺（領域）にいる確率が高いかを示す確率分布を考えなくてはいけないのです．いくつかの原子が組み合わさってできた**分子**では，

これらの軌道を重ね合わせた（和集合）領域（これを**混成**という）に電子がいる確率が高いワケです．

軌道のエネルギー準位は少しずつ異なると先に述べましたが，その順番は次のようになっています（エネルギーの低い順に電子が満たされていく）．

1s＜2s＜2p＜3s
　＜4s＜3d＜4p＜5s＜…

```
高エネルギー   4d  ─ ─ ─ ─ ─
              5s  ─
              4p  ─ ─ ─
              3d  ─ ─ ─ ─ ─
       ↑      4s  ─
              3p  ─ ─ ─
              3s  ─
              2p  ─ ─ ─
              2s  ─
低エネルギー   1s  ─
```

ちょっと難しいですネ．結局どういうふうに電子が入っているのかというと（不対電子を↑，電子対を↑↓で示す．）

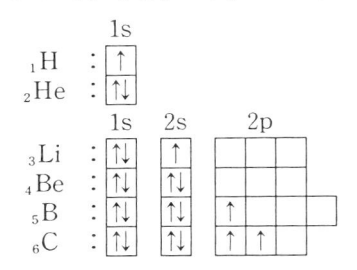

$_1$H : 1s [↑]
$_2$He : [↑↓]

　　　　1s　2s　　2p
$_3$Li : [↑↓][↑]
$_4$Be : [↑↓][↑↓]
$_5$B : [↑↓][↑↓][↑　　]
$_6$C : [↑↓][↑↓][↑|↑]

第2講 物質の構造——構成要素と結合・周期律

$_7$N ：[↑↓][↑↓][↑][↑][↑]
$_8$O ：[↑↓][↑↓][↑↓][↑][↑]
$_9$F ：[↑↓][↑↓][↑↓][↑↓][↑]
$_{10}$Ne ：[↑↓][↑↓][↑↓][↑↓][↑↓]

　　　　　　　　　　3d　　　　　　4s
$_{19}$K ：[Ar] [↑↓][↑↓][↑↓][↑↓][↑↓] [↑]
$_{20}$Ca ：[Ar] [↑↓][↑↓][↑↓][↑↓][↑↓] [↑↓]
$_{21}$Sc ：[Ar] [↑][↑↓][↑↓][↑↓][↑↓] [↑↓]

主殻だけで見ると，例えば，

　　　Na ：$K^2 L^8 M^1$
　　　Ca ：$K^2 L^8 M^8 N^2$
　　　Sc ：$K^2 L^8 M^9 N^2$

例えば，L^8 はL殻に電子が8個入っていることを示しています．原子は安定な電子配置を取ろうとして化学結合を形成するのです．安定な電子配置とは副殻が完全に満たされた状態＝閉殻のことで，特に希ガス元素（18族）は特別安定です．

それでは分子の構造はどのようになっているか少しだけ見てみましょう．

(1) sp³混成軌道

1個のs軌道と3個のp軌道が重なり合うと正四面体様の軌道ができる．

例えば，メタン methane CH_4 はs軌道とp軌道間で電子が移動し

　　2s　　$2s_x 2s_y 2s_z$
C [↑] [↑][↑][↑] のようになり，さらに，sp³ [↑][↑][↑][↑] という風に4つの軌道が半分ずつ満たされる軌道になり，4つの水素Hと結合を作るというわけです．

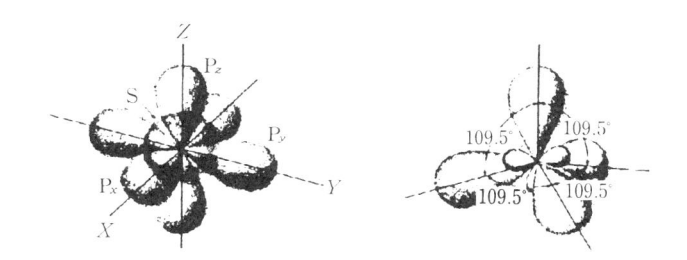

(2) sp² 混成軌道

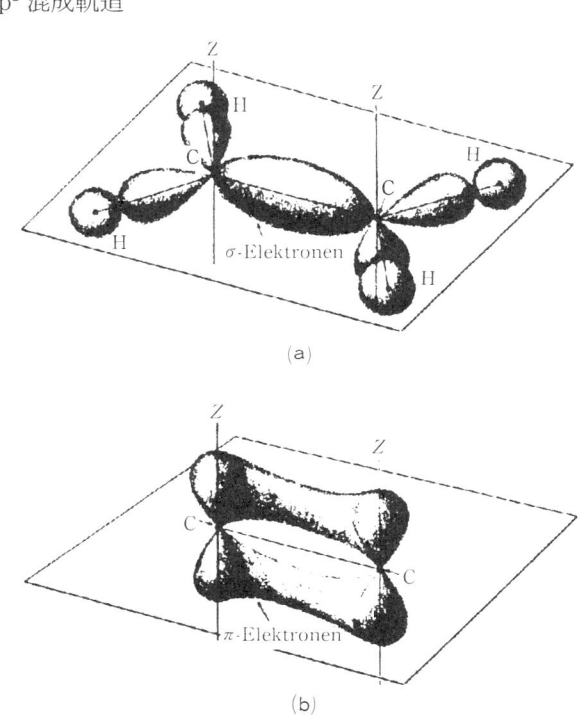

1個のs軌道と2個のp軌道からなる正三角形状の軌道です．エチレン ethylene $H_2C=CH_2$ はこれが2つくっついてできる分子です．

(3) sp混成軌道

1個のs軌道と1個のp軌道からなる直線上に広がった軌道です．アセチレン acetylene $HC≡CH$ なんかがそうです．

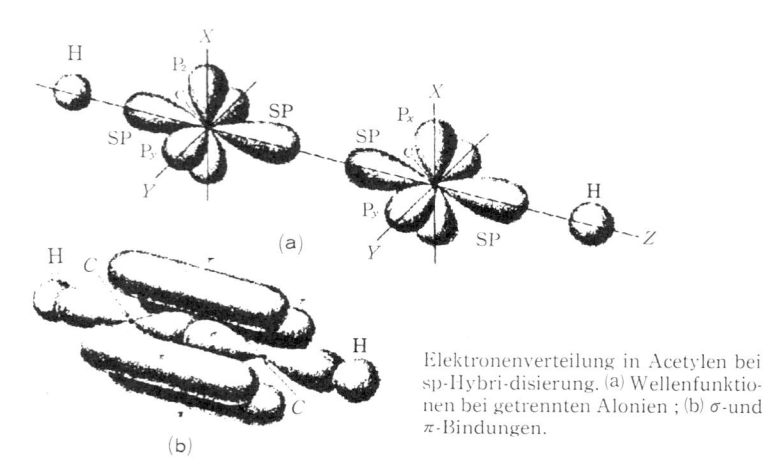

Elektronenverteilung in Acetylen bei sp-Hybri-disierung. (a) Wellenfunktionen bei getrennten Alonien ; (b) σ-und π-Bindungen.

2.2 化学結合

共有結合

電子対が2個の原子で共有されることで形成される結合のことを共有結合と云います．特に共有する電子対（これを共有電子対といいますが）が1組ならば単結合，2組ならば二重結合，3組ならば三重結合といいます．

次の例を見てください．

$$\cdot\overset{..}{\underset{..}{N}}\cdot + 3\cdot H \longrightarrow H\overset{..}{:}\underset{\underset{H}{..}}{N}\overset{..}{:}H$$

$$H\overset{..}{:}\underset{\underset{H}{..}}{N}\overset{..}{:}H + \square H^+ \longrightarrow \left[H\overset{..}{:}\underset{\underset{H}{..}}{\overset{H}{N}}\overset{..}{:}H\right]^+$$

最後の例は共有電子対が片方の原子からのみ差し出されています．この場合を**配位結合**と言って特に区別します．

イオン結合

陽イオンと陰イオンがCoulomb力で引き合うことで生じる結合．

陽イオンが陰イオンの周りにできるだけ多く集まろうとし，逆もまたそうなので，常温常圧では，規則正しく並んだ結晶格子を形成します．

金属結合

金属原子が価電子を出し合い全体でこの価電子を共有することで生じる結合．

この価電子はどの原子にも束縛されないので，**自由電子**といいます．金属もまた規則正しく配列した結晶構造をとります．（水銀Hgは常温で液体なので例外です．）

ファンデルワールス van der Waals 力

分子間の間で働く結合は主に分子間力で形成されます．ファンデルワールス力に限って分子間力と呼ぶ場合があります．分子間力の正体はCoulomb力＋万有引力みたいなものなので，極性が大きい分子や分子量が大きい分子の方がファンデルワールス力が大きくなります．

水素結合

電気陰性度の大きな原子（F，O，Nなど）と結合している水素原子は他の電気陰性度の大きな原子との間で結合を形成する．これを**水素結合**といいます．

水素結合を形成している分子では同じような分子量である分子で，水素結合を形成していない分子よりも高い沸点を示す．これは，もちろん水素結合を形成している分だけそれを切るためにより大きなエネルギーが必要だからです．

2.3 周期表

周期表

1869年にメンデレーフ Mendeleev は著書「化学原論」で周期表を発表しました．彼は元素を原子量の順に並べると性質のよく似た元素が周期的に現れること（周期律）に気づき，周期表を作成したのです．その後，同位体（：陽子数＝原子番号は同じで中性子数の異なるもの）の発見などにより原子番号順によって並べ直され現在のものになりました．

/	1	2	…	13	14	15	16	17	18
1	H 2.1								He —
2	Li 1.0	Be 1.5	…	B 2.0	C 2.5	N 3.0	O 3.5	F 4.0	Ne —
3	Na 0.9	Mg 1.2	…	Al 1.5	Si 1.8	P 2.1	S 2.5	Cl 3.0	Ar —
4	K 0.8	Ca 1.0							

注目すべき点がいくつかあります．
(1) 半径

原子番号と半径の関係を考えて見ます．

縦方向（つまりは同一族）では下に行くほど半径は大きくなるというのは分かると思います．より外側の電子殻を持つようになるからです．横方向（同一周期）では，右側に行くほど半径は小さくなります．理由が分かるでしょうか？ 原理（⇐物理法則）を基に考えます．Coulomb の法則によれば2つの電荷 Q_1，Q_2 の間に働く静電気力 F は

$$F = k\frac{Q_1 Q_2}{r^2}$$

今，共通の最外殻を持つ同一周期では右に行くほど電荷が大きくなるので，F は大きくなる．すると一番外側の電子はより大きな力で引っ張られることになりますから半径は小さくなる，とういわけです．

(2) イオン化エネルギー

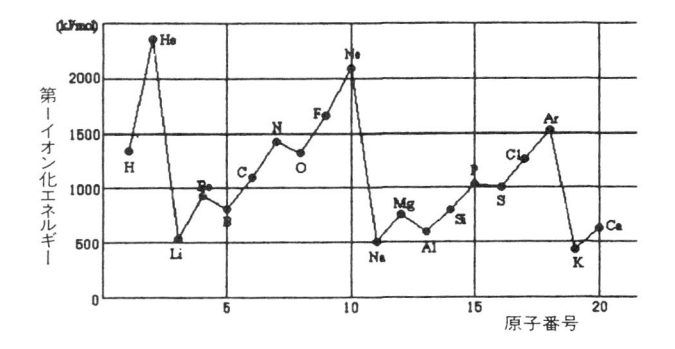

特に，気体状態の原子から電子を1つ（強引にでも）取り去って1価の陽イオンにするのに必要なエネルギーを**第一イオン化エネルギー**といいます．

(1)を基に考えると，半径が大きければ電子が中心にひきつけられる力は弱くなるので簡単に電子を引き離せます．というわけで，第一イオン化エネルギーは前頁の表のようになってます．

(3) 電子親和力

(2)とは逆みたいなもので，気体状態の原子が電子を1つ受け取って陰イオンになる際に放出するエネルギーのことをいいます．要するに，陰イオンになりたがり具合を表すってことです．ハロゲン（17族）とか．

(4) 電気陰性度

原子が電子をひきつける能力のことを**電気陰性度**といいます．これは分子同士の結合（化学反応を含め）を理解する上で極めて重要です．(1), (2)同様 Coulomb の法則を使って考えてみてください．値は，下へ行くほど小さく，右へ行くほど大きくなります．F＞O＞Cl, N… で，意外とHの値が大きいというのも重要です．でも，値そのものよりもむしろ2物体における値の差が大切で普通，差が1.7以上になるとイオン結合，値が2.0以上同士のものが結合すると共有結合，それ以下なら金属結合と分類されています．ただ例外もあるのであくまでも目安と思ってください．

2.4 固体の構造

―― 例題 2 - 2 ――――――――――――――――
（ⅰ）塩化ナトリウムの結晶粉末の密度を求めるために次のよ

うな操作を行った．

(イ) 定体積のガラス容器にトルエンを満たし，質量をはかったところ10.2gであった．

(ロ) このガラス容器に4.3gの塩化ナトリウムを加えたところ，トルエンがあふれた．あふれたトルエンを完全にふき取り，質量をはかったところ12.8gであった．

(ハ) 塩化ナトリウムを加えたことによってあふれたトルエンの質量を計算すると (1) gになった．

(ニ) あふれたトルエンの体積を計算すると (2) cm³ となった．

(ホ) (ニ)の体積と塩化ナトリウムの体積は等しいことから，塩化ナトリウムの密度を計算すると (3) g/cm³ になった．

(ii) 塩化ナトリウムの単位格子は図に示す立方体である．

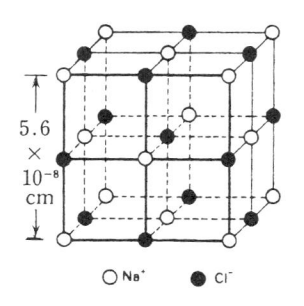

問1 空欄に適切な数値を入れよ．ただし，塩化ナトリウムはトルエンに溶けないものとし，トルエンの密度は0.85g/cm³とする．(2), (3)は小数第2位まで求めよ．

問2 塩化ナトリウムの単位格子に含まれるナトリウムイオンおよび塩化物イオンの数をそれぞれ整数値で答えよ．

問3 塩化ナトリウム1.0cm³に含まれるナトリウムイオンの数を求めよ．ただし塩化ナトリウムの分子量を58.5とする．

(新潟大 医・理・工・農)

(解答・解説)

問1
(1) $10.2+4.3-12.8=1.5$ g
(2) 1.5 g $\div 0.85$ g/cm³ $=1.76$ cm³
(3) 4.3 g $\div 1.76$ cm³ $=2.44$ g/cm³

問2 頂点上のものは周りの7個の格子と共有しているので，$\frac{1}{8}$ コ，辺の上にあるものは3個と共有しているので $\frac{1}{4}$ コ，面の上にあるものは $\frac{1}{2}$ 個．

したがって，ナトリウムイオン sodium は，$\frac{1}{8} \times 8 + \frac{1}{2} \times 6 = 4$ 個，塩化物イオンは $\frac{1}{4} \times 12 + 1 = 4$ 個

問3 単位格子中に NaCl は4個入っているので1つ当たり，6.1g/cm³．1mol 当たりにすると 36.6×10^{23}（アボガドロ Avogadro 数をかけた）．また，1mol 当たりの質量は分子量 = 58.5g だから，単位格子の体積は
$58.5 \div (36.6 \times 10^{23})$
$= 1.598 \times 10^{-23}$ cm³
したがって，1cm³ 中には
$4 \div (1.598 \times 10^{-23})$
$= 2.50 \times 10^{23}$ 個 ■

結晶格子にはいくつか種類が知られています．金属もイオンの

結晶の構造は基本的には同じです．

体心立方格子

この格子中に含まれる粒子数は 2 個（図から分かりますネ）

単位格子の 1 辺と粒子の半径の関係は図から，

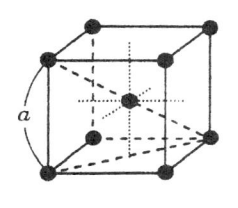

$$(4r)^2 = a^2 + (\sqrt{2}a)^2$$

∴ $r = \dfrac{\sqrt{3}}{4}a$ これから，充塡率（単位格子中に占める球の体積の割合）は

$$\dfrac{\dfrac{4}{3}\pi r^3 \times 2}{a^3} = \dfrac{8}{3}\pi \left(\dfrac{r}{a}\right)^3 = \dfrac{8}{3}\pi \left(\dfrac{\sqrt{3}}{4}\right)^3 \simeq 68\%$$

e.g. Na，Fe，CsCl など．

面心立方格子

この格子中に含まれる粒子数は 4 個

単位格子の 1 辺と粒子の半径の関係は図から，

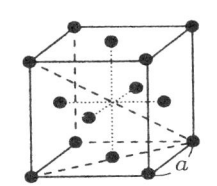

$$(4r)^2 = a^2 + a^2$$

∴ $r = \dfrac{\sqrt{2}}{4}a$ これから，充塡率は

$$\dfrac{\dfrac{4}{3}\pi r^3 \times 2}{a^3} = \dfrac{16}{3}\pi \left(\dfrac{r}{a}\right)^3 = \dfrac{16}{3}\pi \left(\dfrac{\sqrt{2}}{4}\right)^3 \simeq 74\%$$

e.g. Cu，Ag，NaCl など．

六方最密構造

これらの結晶格子以外でもう 1 つ有名な結晶格子の構造があり

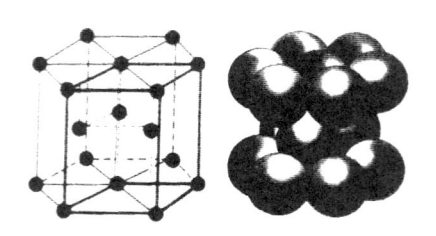

30　第2講　物質の構造——構成要素と結合・周期律

ます．それが次の問題で，センター試験にしてはなかなか難しい問題です．京都大にも類題が出ています．

例題 2-3

ある元素の原子だけからなる共有結合の結晶がある．結晶の単位格子（立方体）と，その一部を拡大したものを図1に示す．単位格子の一辺の長さを a[cm]，結晶の密度を d[g/cm³]，アボガドロ定数を N_A[/mol] とすると，下図

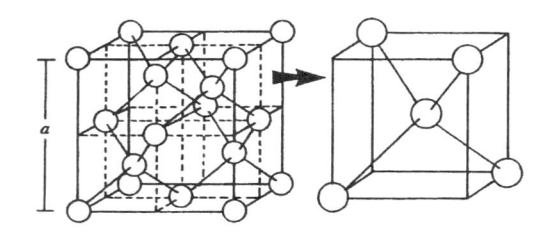

(1)　この元素の原子量
(2)　原子間結合の長さ

を求めなさい．
（センター　本試）

（解答・解説）　　　　　　｜かりますか？
拡大してある方はダミーだと分｜左図中に原子は

$\dfrac{1}{8}\times 8+\dfrac{1}{2}\times 6+1\times 4=8$ コ含まれるので

(1) $M=a^3\cdot d/8\times N_A$

$=\dfrac{a^3 dN_A}{8}$

(2) $\dfrac{\sqrt{3}}{4}a$ ■

今回のまとめ・覚えるべきこと

- 周期表：原子番号40まで（語呂合わせが有名です）

  すいへりーべぼくのふねなまがるしっぷすくらーくか
  すこっちばくろまんてつこにどうもあえんがげるまんあっ
  せんぶろーかー

  H He Li Be B C N O F Ne Na Mg Al Si P S Cl Ar K
  Ca Sc Ti V Cr Mn Fe Co Ni Cu Zn Ga Ge As Se Br Kr

- 周期表の性質は Coulomb の法則を用いて考えればわかる，ということ
- 結晶格子の名前と構造

〈参考文献〉

Organic Chemistry John McMurry（著）Books/Cole Pub Co：6th

第3講　物質の変化(1)
——気体の性質

　表題にある気体の性質に入る前に，物質の三態について少し学びましょう．固体・液体・気体を物質の三態といい，基本的に物質はこのうちどれかの状態をとります．次の図を状態図といい様々なことを教えてくれます．

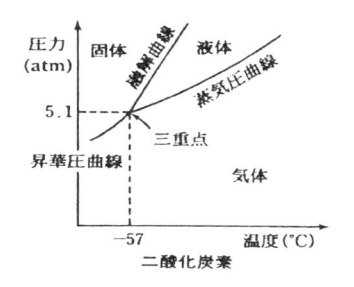

二酸化炭素

これは二酸化炭素の状態図です．ある圧力の下で，固体から液体に状態が変化することを**融解**，そのときの温度を**融点**，液体から気体に変化することを**蒸発**，そのときの温度を**沸点**といいます．水の温度は次のように変化していきます．ちなみに，固体から直接気体になることを**昇華**といいます．有名なのは二酸化炭素ですネ．「水の融点は0度，沸点は100度」と覚えてる人も多いと思いますが，それはあくまで，1気圧の下での話です．富士山の上では水は100度より低い温度で沸騰するのを体感した人も多いでし

ょう．この話は後でもう少し詳しくすることにします．

♣♠♢♡ *Advanced Study* ♡♢♠♣

水や合成樹脂，天然ゴムなどの高分子物質には**ガラス状態**という状態が存在します．過冷却状態にある液体をガラスといいます．どういうことかというと，水を冷却していくと次のような温度変化を示し「氷」になります．「氷」は水の結晶した形で，水の分子が互いにしっかり結びついて，整然と並んでいる状態（結晶質）．「水」は水の分子が結晶を作らず，ゆるやかに結びついている状態（非晶質）．ガラスの場合も，溶融している状態から，冷却されて本来結晶になるところを，そうはならずにいわば水の状態（非晶質 アモルファス amorphous）のまま固まってしまったものといえる訳です．

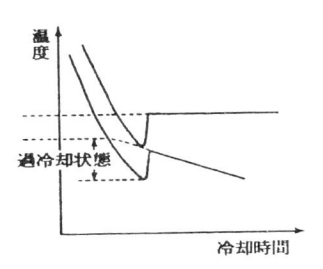

（*Advanced Study* 終わり）

さて，ここからは今回の main theme である気体に限って話をしていきます．気体についてはいくつか重要な法則があります．

3.1 アボガドロ Avogadro の法則

　一定の温度・圧力の下では同じ体積中に含まれる気体の分子の数は期待の種類によらず一定である．
これまで mol（モル）の概念にきちんと触れていなかったと思いますので，ここで改めて挙げることにします．
0°C, 1atm の下で 22.4l 中に含まれる気体の分子の数はどんな気体でも 6.02×10^{23} 個である，とされています．この数をアボガドロ数といい，分子がこのアボガドロ数だけ集まった時その一段を表す量（**物質量**）を 1mol といいます．
†ちなみにアボガドロ自身はアボガドロ数を測定したわけではありません．

3.2 ボイル Boyle・シャルル Charles の法則

　この法則は本来，ボイルの法則と，シャルルの法則とに分けられます．
ボイルの法則は，一定温度の下で,一定の物質量の気体の体積 volume は圧力 pressure に反比例して変化する．
つまり，$pV = Const.$ が成り立つということです．
シャルルの法則は，一定の圧力下で一定の物質量の気体の体積はセッ氏温度 t が 1 度上昇するごとに 0°C の体積 V_0 の 1/273 ずつ増加する．
つまり，t°C の時の体積は

$$V = V_0 \left(1 + \frac{t}{273}\right)$$

この法則は次のように言い換えられます．上の式によれば，$t=-273℃$ の時 $V=0$ となるのでこの温度を**絶対零度** 0K（ケルビン）という．

$$\underbrace{T}_{絶対温度} = t + 273 \text{ と定義して、} \frac{V}{T} = Const.$$

両法則を統合して，一定の物質量の期待では，体積は圧力に反比例し，絶対温度に比例して変化する．

つまり，$\frac{pV}{T} = Const.$

この右辺を定量化すると，気体の物質量を n とすると

$$\frac{pV}{T} = nR \Rightarrow pV = nRT :（R は気体定数といわれる値です．）$$

この式を**（理想）気体の状態方程式**といいます．

ボイル・シャルル両法則はこの気体の状態方程式の特殊な状況といえます．要するにこの式だけ覚えておけばOKです．理想気体の…と書きましたが，理想気体とはシャルルの法則が厳密に成り立つ気体，言い換えて $t=-273℃$ の時に $V=0$ となる気体で，もっと言うと，

・分子に体積が無い
・分子間力が無い

気体のことを言います．

でも実際（実在気体）には分子には体積も，分子間力もあります．理想気体の状態方程式での誤差を修正したものが

$$\left(P + \frac{a}{V^2}\right)(V-b) = nRT \cdots (*)$$

これを実在気体の状態方程式と言います．実在気体には体積があるので理想気体の場合よりも体積は若干大きくなります．この誤差を修正すると

$$V \longrightarrow V-b$$

圧力を非常に上げると容器の体積はぎゅっと押し縮められるので小さくなります．この時分子同士はとても近づいていますから分子間力が働いて圧力は若干小さくなっています．だから，

$$P \to P + a/V^2$$

となって(＊)のカタチになるのです．理想気体と実在気体とのもう一つの違いに**液化**という現象があります．もう一度状態図を見

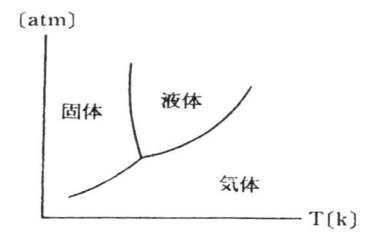

て下さい．これは水の状態図です．蒸気圧曲線が意味するのは気体とはその温度での蒸気圧を超えては実在できないということです．要するに蒸気圧を超えた分の気体は液化してしまうのです．逆に，

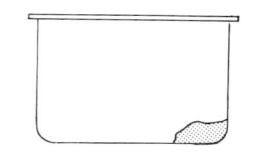

の様に容器中に液体が残っている時の気体の圧力は蒸気圧になるということになります．

── 例題 3-1 ──────────────────
　その容積が自由に変わる容器がある．その容器に 43g のヘキサン（C_6H_{14}）と 32g の酸素を封入し，外気圧 760 mmHg，室温 27℃にしばらく放置したところ容器内に液体が見られた．この時液化したヘキサンの割合は初めに封入した量に比べていくらか．ただし，酸素のヘキサンへの溶解，液体となったヘキサンの体積は無視できるとし，27℃でのヘキサンの蒸気圧は 165mmHg とする．
　　　　　　　　　　　　　　　　　　　　　　　（順天堂大 医）

（解答・解説）
ヘキサンの圧力は，液化しているので蒸気圧と等しい．
$$165 V = nRT$$
酸素について：
$$(760-165)V = 1 \cdot RT$$

∴ $n = \dfrac{165}{595} = 0.277 \text{mol}$

よって液化の割合は
$$1 - \dfrac{0.277}{0.50} = 0.445 = 45\% \quad ■$$

ほとんど同じ問題が '00年に北海道大で出題されています．練習がてら解いてみましょう．

── 例題 3-2 ──────────────────
　次の(1)〜(5)に答えよ．ただし，気体はすべて理想気体として扱い，計算結果を有効数字 2 桁で示せ．また，液体の体積および液体に対する気体の溶解は無視できるものとする．ただし，27℃の水の蒸気圧を 0.035atm とする．
　(1) メタン 0.032g，酸素 0.16g，を容積 1l の密閉容器に

入れて27°Cに保った．この時の混合気体の全圧は何atmになるか．

(2) 次にこの混合気体のメタンを完全燃焼させた．この燃焼の化学反応式を示せ．

(3) この燃焼で生じる水は何molか．

(4) 燃焼後，容器を27°Cに保ち平衡状態とした．このとき，水の物質量のうち何%が液体となっているか．

(5) 上の27°Cの平衡状態において，容器内の圧力は何atmになるか．

(北海道大)

(解答・解説)

(1) 全部で
$$\frac{0.032}{16}+\frac{0.16}{32}=0.0070\text{mol}$$
あるので，気体の状態方程式より
$P \cdot 1.0 = 0.0070 \cdot 0.082 \cdot 300$
∴ $P = 0.17$ atm

(2) $CH_4 + 2O_2 \longrightarrow CH_4 + 2H_2O$

(3)

	CH_4	$+2O_2 \to$	CO_2	$+2H_2O$
前	0.002	0.005	0	0
量	−0.002	−0.002×2	+0.002	+0.002
後	0	0.001	0.002	0.002

(4) 水の圧力＝蒸気圧＝0.035atmなので気体になっている量は
$0.035 \cdot 1.0 = n \cdot 0.082 \cdot 300$
∴ $n = 0.0014$ mol
液体となっているのは
$$\frac{0.004-0.0014}{0.004}=64\%$$

(5) 気体成分は(3), (4)より全部で
$0.001 + 0.002 + 0.0014$
$= 0.0044$ mol
よって，
$P \cdot 1.0 = 0.0044 \cdot 0.082 \cdot 300$
∴ $P = 1.1 \times 10^{-1}$ atm

例題 3-3

次の文章を読み，(1)〜(7)に答えよ．

密閉した容器に入っている水は，その温度に応じた熱運動をしている．液体表面にある水分子のうち，熱運動エネルギーの大きな分子は飛び出して気体の水分子（水蒸気）となる．このような液体から気体への変化を ア という．一方，気体の水分子は熱運動により液体表面に衝突するが，気体に戻るのに十分なエネルギーがないと液体の水分子となる．このような気体から液体への変化を イ という．液体から ア する速度と気体から イ する速度が等しくなると，気体と液体の間で見かけ上の変化が認められなくなる．この状態を ウ という． ウ にある水蒸気が示す圧力をその温度における水の蒸気圧という．水の蒸気圧は温度が上昇すると大きくなる．(エ)
不揮発性の物質を溶かした水溶液の蒸気圧は，同じ温度の純粋な水の蒸気圧より低くなる．(オ) この現象を蒸気圧降下という．図は純粋な水の蒸気圧と，不揮発性物質が溶けた水溶液の蒸気圧を100℃付近で図示した蒸気圧曲線で，2本の蒸気圧曲線はこの温度範囲内で平行な直線とみなすことができる．図で カ 点の蒸気圧は100℃における水溶液の蒸気圧を示し， キ 点と カ 点との蒸気圧の差がこの水溶液の蒸気圧降下の大きさである．水や水溶液の沸点は，それらの蒸気圧が大気圧と等しくなる温度であるから，水溶液の沸点は純粋な水の沸点より高くなる．大気圧 1atm（1atm＝760.0mmHg）の場合，図中の ク 点の温度は水溶液の沸点を示す． ク 点

と ケ 点の温度差がこの水溶液の沸点上昇度である．非電解質を溶かした希薄水溶液の場合，沸点上昇度 $\Delta T_b(K)$ は質量モル濃度 $m(\mathrm{mol/kg})$ に比例する．$\Delta T_b = K_b m$ この式の比例定数 K_b を水のモル沸点上昇という．

(1) 文章中の ア ～ ウ に適当な語句を入れよ．

(2) 下線部(エ)で，水の蒸気圧は温度が上昇すると大きくなる理由を，分子の熱運動の立場から，30字以内で説明せよ．

(3) 下線部(オ)で，水溶液の蒸気圧が純粋な水の蒸気圧より低くなる理由として，適当と思われるもの2つを，次の中から選んで番号で答えよ．

　(a) 水分子の強い分子間力により，水分子が気体になる速度が減少するため．

　(b) 液体表面の水分子の割合が減り，水分子が気体になる速度が減少するため．

　(c) 液体表面に衝突する気体の水分子のエネルギーが減少するため．

　(d) 気体分子の占める体積が増すと蒸気圧が減少するため．

　(e) 液体中の溶質分子が気体になりにくく，気体の圧力に寄与しないため．

(4) 文章中の カ ～ ケ に適する図中の点を a，b，c，d から選べ．

(5) 質量モル濃度 0.200mol/kg のショ糖水溶液の 100°C における蒸気圧は 757.2mmHg であった．このショ糖

水溶液の大気圧 1atm における沸点を，計算手順を示して，小数点以下第 2 位まで求めよ．ただし，水の蒸気圧は 100℃で 760.0mmHg，99℃で 733.2mmHg である．

(6) 水のモル沸点上昇 K_b を，小数点以下第 2 位まで求めよ．

(7) 質量モル濃度 0.200mol/kg の塩化カリウム水溶液の 100℃における蒸気圧は何 mmHg となるか．小数点以下第 1 位まで求めよ．ただし，塩化カリウムは完全に電離しているものとする．

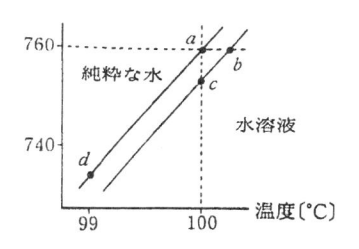

(筑波大)

（解答・解説）

(1) ア 蒸発　イ 凝縮
　　ウ 平衡状態
(2) 普通温度が高いと気体は気体でいたいわけです．これを条件に合うように文章化すればいい．
　高温になれば分子の熱運動が高くなるので，より蒸発しやすい．(29字)
(3) ここまでくればもう明らかですネ．　　　(b), (e)
(4) カ　c　キ　a　ク　b
　　ケ　a
(5) ショ糖水溶液の沸点を x℃ とすると，グラフの傾きが同

じであることから，

$$\frac{760.0-733.2}{100-99}=\frac{760.0-757.2}{x-100}$$

∴ $x=100.104=100.10°C$

(6) 沸点上昇度は

$$100.104-100=0.104$$

よって，

$0.104=K_b\cdot 0.200$

∴ $K_b=0.52\ K\cdot kg/mol$

(7) 沸点上昇度は溶液中に溶けている粒子の数に比例するので，

$\Delta t=2\times 0.52\cdot 0.200$

∴ $\Delta t=0.208$

(5)と同様に考えて，

$$\frac{760.0-733.2}{100-99}=\frac{760.0-p}{100.208-100}$$

∴ $p=754.42=754.4 mmHg$ ■

―― 今回のまとめ・覚えるべきこと ――

- 理想気体の方程式：$pV=nRT$
- 容器中に液体が残っている場合は飽和蒸気圧になっている

第4講 物質の変化(2)
——溶液の性質(1)

4.1 溶液

溶液というのは砂糖水を作ることを考えてもらえば分かるように，砂糖（溶質）と砂糖を溶かしている液体（溶媒）とからなっています．溶媒といっても物質であることには違いないので，当然極性を持つものと，持たないもの（無極性）があり一般的に極性溶媒には極性のある物質が，無極性溶媒には無極性物質が溶けやすいです．極性溶媒の代表例はやはり水ですネ．
溶質も水中でイオンに分かれる（電離）もの（**電解質**）と電離しないもの（非電解質）に大別され，冒頭の例の砂糖なんかは典型的な非電解質です．

4.2 溶液の濃度

溶液の濃度には質量パーセント濃度，モル濃度，質量モル濃度など色々な表し方があります．次の問題で練習しましょう．

―― 例題 4-1 ――
25℃で，ある物質を純粋に溶解して溶液を調整した．この水溶液中の物質濃度の表し方には色々あり，質量パーセン

ト濃度［％］，モル濃度［mol/l］および質量モル濃度［mol/kg］などがよく用いられる．

例えば，10.0％のグルコース水溶液をモル濃度および質量モル濃度に換算するとそれぞれ (1) mol/l および (2) mol/kg となる（小数第3位を四捨五入せよ）．ただし，この水溶液の密度を 1.03g/ml（25℃）とし，グルコースの分子量を180とする．

(東京理科大 薬)

〔解答・解説〕

質量パーセント濃度というのは字面の通りどれくらいの割合（パーセント）の質量が解けているかというのを表し，単位がg/gの無名数となるものです．モル濃度はどれくらいの物質量が溶液中に溶けているかを表し，単位は mol/l になります．
質量モル濃度は前者2つとちょっと違って溶媒に対して溶質が何モルくらい溶けているかを表すものです．なので，単位は mol/kg（溶媒）となります．

(1) さて今10.0％のグルコース溶液は 1l あるとすると，溶質としてのグルコースは

$1l × 1.03$g/m$l × 10.0\% = 103$g

だけ溶けています．

よってモル濃度は

$103/180$mol/$1l = 0.572$mol/l

0.57mol/l

(2) 溶質以外は溶媒なので溶媒の質量は

1030g $- 103$g $= 0.927$kg

質量モル濃度は

$103/180$mol/0.927kg

$= 0.617$mol/kg

0.62mol/kg ■

4.3 溶解度

砂糖を水に溶かすとき，結構な量を入れても溶けるのに，食塩だと全然溶けないという経験をしたことがあるかと思います．これは，溶質によって，ある一定量の溶媒に溶ける限度が決まっているからです．一般に，ある一定量の溶媒に最大限溶けている（＝飽和）溶質の量を**溶解度**といい，温度に依存する関数です．

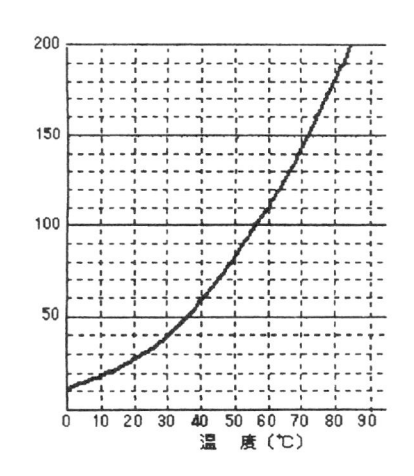

固体の溶解度

普通溶媒 100g に対して溶ける溶質のグラム数で表します．上の表は溶解度曲線を示したものです．

例題 4-2

硫酸ナトリウムの飽和水溶液 100g を 40°C でつくった．表を参考にして，この水溶液に関する問(1)および問(2)に答えよ．ただし，硫酸ナトリウムの結晶は 32°C 以下では十水和物（$Na_2SO_4 \cdot 10H_2O$，式量：322）で存在し，これ以上の温度では無水物（Na_2SO_4，式量：142）で存在する．
硫酸ナトリウムの水に対する溶解度

温度(°C)	0	20	40	60	80	100
溶解度	4.5	19.0	48.1	45.2	43.2	42.2

(1) 80°Cに熱したとき，何gの結晶が析出するか．

(2) 20°Cに冷却すると，何gの結晶が析出するか．

(東京薬科大)

(解答・解説)

40°Cの飽和水溶液100gには

$Na_2SO_4 : 100 \times \dfrac{48.1}{100+48.1} = 32.5g$

$H_2O : 100 - 32.5 = 67.5g$

(1) 80°Cでは結晶は無水物で存在する．xg析出するとして，80°Cでの飽和水溶液の溶媒（水）：溶質を考えると

$100 : 42.2 = 67.5 : 32.5 - x$

∴ $x = 3.3g$

(2) 20°Cでは結晶は十水和物で存在する．ygが析出するとするとygのうち，142/322がNa_2SO_4で，溶液：溶質を考えて，

$100 + 19.0 : 19.0$
$= 100 - y : 32.5 - y \times \dfrac{142}{322}$

∴ $y = 59.2g$ ■

例題4-2でも出てきましたが結晶水を持つ物質の場合には溶けてしまえば結晶水も溶媒としての水も区別できなくなってしまいます．そのため溶解度は無水物を溶質として溶かした値とします．水和物を持つ結晶について下の問題で勉強しましょう．

―― 例題 4-3 ――――――

20°Cにおいて，硫酸銅(II)$CuSO_4$の（水100gに対する溶質の質量［単位g］）の溶解度は20.2である．硫酸銅(II)

CuSO₄ および硫酸銅(II)CuSO₄·5H₂O の式量をそれぞれ 160 および 250 として，以下の問に答えよ．答えは有効数字 3 桁で示せ．

(1) 20°C における硫酸銅(II)飽和水溶液の濃度を，質量パーセント濃度で示せ．
(2) 20°C の硫酸銅(II)飽和水溶液から，モル濃度 0.0500 mol/l の硫酸銅(II)水溶液を 1.00l 作るとき，必要な硫酸銅(II)飽和水溶液の質量を求めよ．
(3) 水 500g に硫酸銅(II)五水和物を溶解させ，20°C で硫酸銅(II)飽和水溶液を作るとき，必要な硫酸銅(II)五水和物の質量を求めよ．
(4) 25°C で，質量パーセント濃度 10.0% の硫酸銅(II)水溶液の密度は 1.11g/cm³ である．この水溶液の濃度をモル濃度で示せ．
(5) ある温度において，質量パーセント濃度が 5.00% の硫酸銅(II)水溶液がある．この水溶液の濃度を質量モル濃度にして表せ．

(高知大)

(解答・解説)

(1) 20°C では水 100g に CuSO₄ は 20.2g とけるから，質量パーセント濃度は

$$\frac{20.2}{100+20.2} = 16.8\%$$

(2) 必要な硫酸銅(II)飽和水溶液を x g とすると，CuSO₄ の質量に注目して

$$x \times \frac{20.2}{100+20.2}$$
$$= 0.500 \text{mol}/l \times 1.00 l \times 160$$
$$\therefore \quad x = 47.6 \text{g}$$

(3) 水 500g に溶ける CuSO₄

は 5×20.2 g
$CuSO_4 \cdot 5H_2O$ 中の $CuSO_4$ がこれに等しいわけだから
$$5 \times 20.2 \times \frac{250}{160} = 158 \text{g}$$
(4) 例題 4-1 でもやりましたネ．溶液が $1l$ であるとすると質量は 1.11×10^3 g
これの 10.0% が $CuSO_4$ だから，

$$\frac{1.11 \times 10^3 \times 10.0\%}{160}$$
$$= 0.694 \text{mol}/l$$

(5) 100g の溶液中に $CuSO_4$ は
$$5\text{g} = \frac{5}{160}\text{mol} 溶けていて，$$
溶媒は $100 - 5 = 95$ g
∴ 質量モル濃度
$$= \frac{\frac{5}{160}\text{mol}}{95 \times 10^{-3} \text{kg}}$$
$$= 0.329 \text{mol/kg} \quad ■$$

気体の溶解度

問題になる case は決まっていて溶解度の大きくない気体についてです．この case は**ヘンリー Henry の法則**として知られる法則に従って溶媒に溶け込みます．

ヘンリーの法則：

溶解度の大きくない気体に関しては，一定温度の下で一定量の溶媒に溶かすことが出来る気体の物質量はその気体の<u>分圧に比例</u>する．

なんだか，イメージ的にはアタリマエのことを言っているような気がしませんか？ ギュッと気体を押し込めばその分気体はいっぱい溶けそうです．では，この法則を言い換えてみると…

溶解度の大きくない気体では，一定温度の下で一定量の溶媒に溶かすことが出来る気体の体積は圧力に無関係で一定である．

なんと！ 圧力に比例だったのが圧力に無関係，とまったく正

反対のことを言っています．上の記述は参考書などによく載っていますが，どうやらこの表現が多くの受験生を混乱に陥れているように思えてなりません．悪文です．

では結局どういう表現でヘンリーの法則を覚えておけば best でしょうか？　私の経験によると次の文をそのまま正しく覚えた人はヘンリーの法則を正しく適応できるようになっています．

(正しい) ヘンリーの法則：

溶解度の大きくない気体では，一定温度の下で一定量の溶媒に溶かすことが出来る気体の体積は，溶け込んだ分をその圧力下に取り出すと，いつも同じ値になる．

つまるところ，

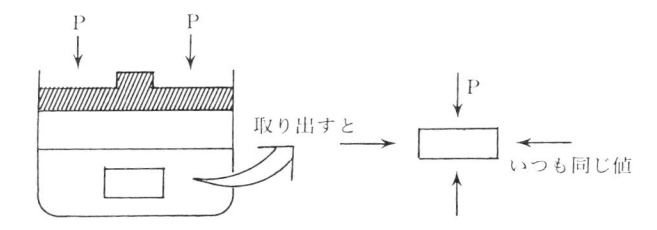

ということです．この取り出した分が他の圧力であるような環境に持っていくとどうなるかは，状態方程式や，ボイルの法則を用いて計算してやればいいワケです．

東京大学の化学第1問では気体の問題が必出です．ヘンリーの法則と，前回学んだ蒸気圧を master しておくことが合格への近道となるのです．

50　第4講　物質の変化(2)——溶液の性質(1)

---- 例題 4-4 ----

　なめらかに動き，内部の体積が読み取れる注射筒状の気密なシリンダーがある．25℃のこのシリンダーに，気体を溶解していない25℃の純水100gと1気圧，25℃の乾燥した空気100mlを入れたのち入り口の栓を閉じ，ただちにシリンダー内部の体積を記録した．このシリンダーを1気圧，25℃の状態で十分な時間放置したときの内部の体積をある法則を利用して予測する．予測するにはどのような情報が必要かを項目に分けて書け．また，体積の予測にあたって利用する法則の名称を答えよ． 　　　　　　(早稲田大　教)

(解答・解説)
法則名：ヘンリーの法則
情　報：25℃での水の飽和蒸気圧，空気の組成，空気の成分気体の25℃，1気圧での水への溶解度　　　　　　　　　　　■

---- 例題 4-5 ----

　一定量の二酸化炭素がピストンのついた容器に入っている．二酸化炭素の占める体積は，(a)：おもりのないとき100ml，(b)：おもりを1つ加えたとき60mlであった．この容器に二酸化炭素の量は一定のまま水を加えると，気体に占める体積は，(c)：おもりのないとき70ml，(d)：おもりを1つ加えたとき$x$mlであった．
温度は一定とし，ボイルの法則，ヘンリーの法則が成立するものとしてxを求めよ．ただし，水の飽和蒸気圧は無視できるものとし，整数値で答えよ． 　　　　　　(浜松医大　改)

(解答・解説)
(a)と(c)を比較して、おもりの無い圧力下では $100-70=30$ ml 溶けた.
(b)と(d)を比べて、おもりが1つのっている圧力下では $60-x$ ml が溶けた. 溶ける量はかかっている圧力で測ればいつも同じ値になるので、

$60-x=30$ ∴ $x=30$ ml ∎

ヘンリーの法則は潜水医学とも密接な関わりを持っています。潜水するとダイバーの身体には深さに応じて水圧が加わってきます。(もちろんこのときボンベからは空気が供給されています) すると、その水圧のせいで、ダイバーの細胞、組織(特に酸素を運ぶヘモグロビン hemoglobin については重要です)の空気溶解量が増加することになります(ヘンリーの法則に従って)。空気の約80%は窒素、残りの約20%が酸素で、酸素の方は消費されますが窒素は消費されないので、細胞内に残留していまい、時間の経過とともにその量は増していきます。窒素は不活化ガスといわれ、開放から時間がかかるガスなので、長時間潜水をし、窒素が細胞内にある程度貯留したのちに急に浮上すると周囲の圧力減少に伴って細胞内に貯留し過飽和状態になります(ボイルの法則にしたがって、体積が増える)。この状態が過度な状態になると肺胞からの窒素解放では間に合わず、細胞内で気化してしまうことがあります。これを減圧症といい、関節が痛んだり、ひどいときには肺胞が破裂するなど生命に危険を及ぼします。

4.4 希薄溶液の性質

- 蒸気圧降下(ラウール Raoult の法則)
- 沸点上昇

- 凝固点降下
- 浸透圧（ファント・ホッフ van't Hoff の法則）

　これらの性質は溶液中に含まれている溶質の種類によらず溶質粒子の総物質量にのみ依存して起こる現象で，このような性質を溶液の束一性といいます．希薄溶液が束一性を示すのは溶液の濃度が希薄ゆえ溶質粒子間の相互作用の影響を無視することが出来るからです．濃度が大きくなってくるとそうはいきませんから上記の性質は濃度の大きな溶液では厳密には成り立たなくなります．

蒸気圧降下（ラウール Raoult の法則）

　ラウールはフランス人です．スペイン人ではありません．不揮発性の溶質を溶解するとその溶液の飽和蒸気圧は溶媒の飽和蒸気圧より小さくなる．その降下度は一定量の溶媒中に溶けている溶質粒子の総物質量に比例する．

この現象はルシャトリエの原理によって説明できます．不揮発性の溶質は蒸発しないので当然気体になりません．不揮発性ですからネ．このとき平衡状態を作るのは気体となった溶媒分子と液相の溶媒分子の間によってです．ここに溶質を加えた場合，この影響を小さくする方向，つまり気体から液体へと溶媒分子が液化して溶液中の溶質の濃度を小さくします．つまり，液体である溶媒分子の数は減るので圧力も減少するというわけです．

沸点上昇

　蒸気圧降下に密接に関連しています．というか，言い換えといっていいくらいです．

沸騰という現象が起こる温度が沸点です．沸騰というのはかかっている圧力に溶液中の分子が打ち勝って液体であった分子が気体

となって飛び出していく現象です．つまり，蒸気圧が周囲の圧力（通常は1気圧）に等しくなる温度が沸点です．

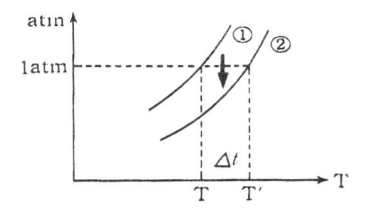

蒸気圧が下がると上図の曲線が②のように下方へ移動しますから当然1atmと等しくなる温度は上昇します．
沸点上昇度 Δt_b（bはboilのb）はやはり溶けている溶質粒子の総物質量だけに比例します．溶媒のモル沸点上昇を K_b（溶媒固有の値）溶質粒子のモル濃度を m とすると

$$\Delta t_b = K_b \cdot m$$

と定式化されます．m が質量モル濃度であることがミソです．

凝固点降下

蒸気圧降下，沸点上昇と同様に不揮発性の溶質を溶解するとその溶液の凝固点は溶媒の凝固点より小さくなります．
やはり，溶媒特有の値，凝固点降下 K_f（fはfreezeのf）があり，凝固点降下度 Δt_f は

$$\Delta t_f = K_f \cdot m$$

と(ii)と全く同じように定式化されます．やはり m は質量モル濃度です．運動部の人は冬場に土のグラウンドに白い粉をまいてある光景を見たことがあるのではないでしょうか．これは凝固点降下を利用して，霜が降りるのを妨げているのです．

54　第4講　物質の変化(2)——溶液の性質(1)

― 例題 4 - 6 ―

　純物質は，温度と圧力により固体，液体，気体のいずれかの状態を取る．この三態間の状態変化のうち，液化が気体になる変化を蒸発，逆に気体が液体になる変化を ア ，固体が気体になる変化を イ と呼ぶ．また固体が液体になることを ウ といい，その変化に必要な熱量を ウ 熱と呼ぶ．さらに液体が固体になる変化を凝固と呼び，凝固が起こる温度を凝固点という．
状態が変化するのに必要な熱量は，分子間力と密接に関連する．分子間力の種類や大きさは，物質の種類によって異なる．分子量がほぼ等しい物質では，極性の大きい物質ほど沸点や融点が エ なる傾向にある．これは極性が大きくなると分子間力が オ なるためである．一定の圧力下で物質を加熱したとき，固体が液体になるのに必要な熱量は，液体が気体になるのに必要な熱量に比べて，一般に カ ．
物質の状態変化は，物質の性質を調べる方法としても利用することができる．例えば，溶液の凝固点は純溶媒の凝固点より低い．これを凝固点降下という．分子量の異なる種々の非電解質を水に溶解させて，凝固点を図ったところ，実験結果は図1の実線3で表されることがわかった．また，電解質である NaCl または $CaCl_2$ を溶解させた実験結果は，図の直線1から5のうち，NaCl は直線 キ で，$CaCl_2$ は直線 ク で表された．

　(1)　文中の空欄 ア から ク に適する語句を入れよ．

(2) 次の物質のうち極性分子であるものを全て選び，その分子式で示せ．

C_2H_5, O_2, N_2, HCl, NO, CH_4, CH_3OH, CO_2

(3) 空欄 キ と空欄 ク に入る数字は，それぞれ図1の直線から5のいずれか．

(4) ある非電解質5.00gを1kgの水に溶かして凝固点を測定したところ，凝固点は0.30℃降下した．図の実線3は1mol/kgの濃度増加により1.9℃減少する直線である．この結果を用いて非電解質の分子量を有効数字2桁で求めよ．

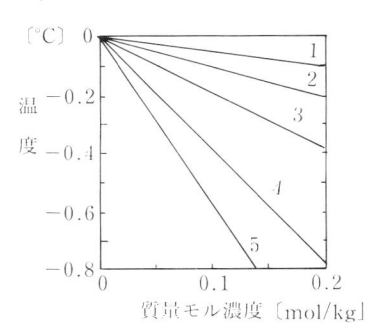

図1 種々の物質の凝固点と濃度の関係

(東北大 改)

(解答・解説)

(1) ア：液化 イ：昇華 ウ：融解 エ：高く オ：大きい カ：小さい

(2) HCl, NO, CH_3OH

(3) キ：4 ク：5

(4) 凝固点降下は質量モル濃度に比例するので非電解質の分

子量を M とすると，実線3は1mol/kgの濃度増加により$1.9℃$減少することから，

$$\frac{0.30}{1.9} = \frac{\dfrac{5.00}{M}\text{mol}\cdot\dfrac{1}{1}/\text{kg}}{1\text{mol/kg}}$$

$$\therefore\quad M \approx 32 \qquad ■$$

浸透圧（ファント・ホッフ van't Hoff の法則）

浸透圧は生体にとって非常に重要です．…ですが，今講は長くなったので，次講のお楽しみということにしましょう．

今回のまとめ・覚えるべきこと

- 溶解度の大きくない気体では，一定温度の下で一定量の溶媒に溶かすことが出来る気体の体積は，溶け込んだ分をその圧力に取り出すと，いつも同じ値になる．
- 蒸気圧降下＝沸点上昇，凝固点降下

　　　　　　　　　……質量モル濃度に比例．

第 5 講 物質の変化(3)
―― 溶液の性質(2)

前回の復習と続きから始めましょう．

―― 例題 5-7 ――――――――――――――――――――
次の文章を読み，(a)～(d)，(f)内には適当な語句を，(e)内には a, p, x を使った式を入れなさい．また，(1)～(9)に最も適切なものを下記の選択肢ア～シの中から選び，記号で答えなさい．

一般に物質の融点や沸点は，原子，分子，イオンなどの構成粒子間の結合力が強くなるとともに(1)．単体の金属結晶の融点は，タングステンのように3410℃もあるものから，(a)のように-39℃と，常温で液体のものまで多様である．アルカリ金属の融点は，原子番号の増加とともに(2)．分子結晶の融点が一般的に低いのは，その分子間力が弱いためである．ハロゲン分子など同属の元素からなる単体の融点と沸点は，分子量の増加とともに(3)．このため，塩素は常温で(b)であるが，ヨウ素の単体は(c)である．後者を加熱すると，(d)して紫色の気体になる．また分子量がほぼ同じ分子の場合，極性分子の分子間力のほうが無極性分子のものより(4)．水素結合の結合力は，一般に分子間力

より (5)．

以上を考慮して，HF，HCl，HBr を沸点の低いものから順に並べると，(6) となり，水，エタノール，ジメチルエーテルの場合は，(7) となる．また，水，エタノール，ジメチルエーテルを，室温における蒸気圧の高いものから並べると (8) となる．

下図にあるように，ある一定温度において，不揮発性物質を含む希薄溶液の蒸気圧はその純粋な溶液の蒸気圧より低い．これは不揮発性溶質物質が含まれる分だけ，溶媒分子の蒸発する速度が (9) ためである．溶液中の全分子数に対する溶質分子数の比率を x とすると，ある温度における蒸気圧の変化率 $\Delta p/p$ は x に等しく，溶質の種類には依存しない．このため純粋な溶媒の沸点における蒸気圧曲線の傾きを α とすると，不揮発性物質を含む希薄溶液の沸点は，純溶媒の場合に比べ，(e) だけ高くなる．1気圧において多くの溶媒は，ほとんど同じ傾き α を持つことが知られている．このため，非電解質の溶質の濃度が 1mol/kg のときの沸点上昇度は，一般に溶媒の分子量の増大とともに (f)．

(1)〜(9) の選択肢：

ア．上昇する　　　　　イ．低下する
ウ．強い　　　　　　　エ．弱い
オ．HF＜HCl＜HBr　　カ．HCl＜HBr＜HF
キ．HBr＜HCl＜HF　　ク．HF＜HBr＜HCl
ケ．水＜エタノール＜ジメチルエーテル
コ．水＜ジメチルエーテル＜エタノール

サ．ジメチルエーテル＜水＜エタノール
　シ．ジメチルエーテル＜エタノール＜水　　　（慶應大 理工）

（解答・解説）
(a) 水銀　(b) 気体　(c) 固体
(d) 昇華　(e) $\dfrac{px}{\alpha}$　(f) 大き

くなる
(1) ア　(2) イ　(3) ア
(4) ウ　(5) ウ　(6) カ
(7) シ　(8) ケ　(9) イ　■

5.1 浸透圧

　半透膜という膜を図の様に中央におき一方には溶媒のみ，もう一方には溶液を液面の高さが等しくなるように入れてしばらく放置すると，溶媒側から溶液側に水が浸透し，溶液側の液面のほうが高くなります．この現象を防ぎ，液面の高さを等しいままにするために溶液側に加えるべき圧力を**浸透圧**といいます．溶液のモル濃度を C，気体定数 R，温度を T とすると，浸透圧 π は

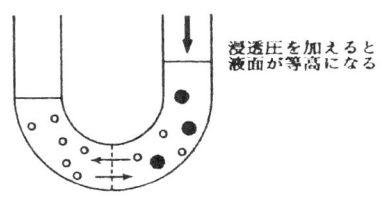

$$\pi = CRT \quad \cdots\cdots(*)$$

と表されます．ファント・ホッフ van't Hoff の法則といって，気体の状態方程式とまったく同じ形をしています．$C = \dfrac{n}{V}$ (n：モル，V：体積) ですから，($*$) は $\pi V = nRT$ となって $pV =$

nRT とそっくりですネ．浸透圧は生体の機能を考える際にも大変重要で，生理食塩水などは体内の浸透圧に等しい値（＝等張）の浸透圧になるように調製されています．

溶液の濃度をさらに大きくした時，ルシャトリエの原理によると，濃度を下げるため溶液側へ水（＝溶媒）が移動し，液面を高くします．これは溶液中の粒子が水を引っ張る力と考えるとわかりやすいでしょう．したがって，沸点上昇，凝固点降下など同様，溶液中の粒子数（この単位を Osm オスモルといいます）に比例します．

下の問題で練習しましょう．

―― 例題 5-1 ――

次の文章を読み，問1〜問3で最も適当な答えを，それぞれ(ア)〜(オ)のうちから一つ選び，記号で答えよ．

水に溶ける高分子を用いて，次のような浸透圧の実験を行った．下図のように半透膜で仕切られた二つの容器 a と b を用意した．

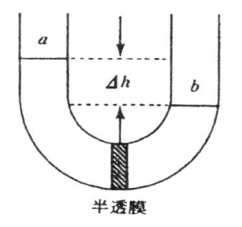

容器 a と b に各々 400ml の水を入れたところ，二つの容器における水面の高さは同じであった．ここで，分子量が 120,000 とわかっている高分子 A を容器 a に 2g 加えて溶か

し，静かに放置しておいたところ，図のように水面の高さの差（Δh）が 1cm となった．これを状態(I)とする．ただし，この半透膜は分子量2,000以下の分子を通すことができる．また，水面の高さの差（Δh）が生じることによる各容器内の溶液の体積変化は無視する．

問1 状態(I)において，分子量60,000の高分子Bを容器bに加えて溶かしたところ，二つの容器の水面の高さが等しくなった．これを状態(II)とする．

(a) 容器bに加えた高分子Bの質量は，何gと推定されるか．

(ア) 1g (イ) 2g (ウ) 4g (エ) 8g (オ) 16g

(b) 高分子Aは水溶性多糖であった．状態(I)において，この多糖を加水分解する酵素を容器aに加えて放置したとき，水面の高さの差（Δh）はどのように変化するか．ただし，この酵素による1回の分解反応によって，多糖の鎖は中間で二つに切断され，この反応は多糖が単糖に分解されるまで続くものとする．

(ア) 変化しない．
(イ) 増大し，一定値になる．
(ウ) 減少し続ける．
(エ) 始めは増大するが，その後減少し，一定値になる．
(オ) 始めは減少するが，その後増大し，一定値になる．

問2 状態(II)において，分子量が未知の高分子Cを容器aに2g加えて溶かしたところ，水面の高さの差（Δh）が0.5cm になった．これを状態(III)とする．高分子Cの

62　第5講　物質の変化(3)——溶液の性質(2)

　　　分子量は，おおよそいくらであるか．
　　(ア)　30,000　(イ)　6,000　(ウ)　120,00　(エ)　240,000
　　(オ)　480,000
　問3　状態(III)において，容器bに800mlの水を加えて静かに放置した．このとき，水面の高さの差（Δh）は，おおよそいくらになるか．
　　(ア)　0.17cm　(イ)　0.25cm　(ウ)　0.5cm　(エ)　1.5cm
　　(オ)　2cm　　　　　　　　　　　　　　　　　　　　（九州大）

（解答・解説）

問1

(a) 浸透圧が等しくなったわけなので，a側の浸透圧

$$\pi_a = \frac{2}{120,000} / \frac{1000}{400} \cdot RT$$

これと，b側の浸透圧 $\frac{x}{60,000} / \frac{1000}{400} \cdot RT$ とが等しいので，

　　　　$x = 1$g　∴　(ア)

(b) 多糖がどんどん分解されて小さくなって，分子量が2000以下になったら半透膜を通過してしまいます．したがって，初め，粒子数が増加するにつれて，水面の高さの差は増大し，半透膜を通過するくらい粒子が小さくなったら，左右の濃度差がなくなるので，減少します．　∴　(エ)

問2　問1と同様に考えて，今度は問1の状態と比較するだけです．

よって，$0.5 : 1$

$$= \frac{2}{y} : \frac{2}{120,000}$$

　∴　$y = 240,000$　∴　(エ)

問3　水は半透膜を通って移動できるので，半分の400mlだけがbに留まれると考え

ばよいのです．すると，濃度は，$400/400+400=\frac{1}{2}$ 倍になるので，高さもこれだけ倍になるわけです．したがって，

$0.5\times\frac{1}{2}=0.25\mathrm{cm}$　（イ）　■

5.2　コロイド colloid

分子の大きさは $1\mathrm{Å}=10^{-10}\mathrm{m}$ ですが，この分子が $\underline{10\sim 10^3}$ コ "並んでいる"粒子のことをコロイド colloid 粒子といいます．分子の大きさは scientist を志す人としては常識として，10～1000コからなるというのは覚えやすいですネ．あとは計算で，コロイド粒子の大きさは $10^{-9}\sim 10^{-7}\mathrm{m}$ と分かります．コロイド粒子が液相に分散したものをコロイドといいます．

コロイドは**疎水コロイド**と**親水コロイド**に分類でき，疎水コロイドは「疎水」なので水と反発しあっているため，少量でも電解質を加えるとその電荷で沈殿します．これを**凝析**といいます．逆に，親水コロイドは多量の電解質を加えないと沈殿が生じません．**塩析**といいます．疎水コロイドを安定化させるために親水コロイドを加えることがあります．これを**保護コロイド**といいます．墨汁は疎水コロイドである炭素に，にかわを加えて作られますが，このにかわが保護コロイドです．

5.3　コロイド溶液の性質

チンダル Tyndall 現象

コロイド溶液にレーザーなどの光を当てると，その光に通り道が観察される（一直線に見える）現象のことを**チンダル Tyndall**

現象といいます．コロイド粒子にはある程度の大きさがあるため光を散乱するのでこういうことが起こるのです．

ブラウン Brown 運動

　限外顕微鏡を使ってコロイド溶液を観察すると，コロイド粒子が不規則に動くのが見られます．この運動を**ブラウン Brown 運動**といい，溶媒分子の熱運動の結果，分子が衝突して起こるのです．

原子の実在を実験的に確認したという意味で，20世紀初頭の物理学において重要な意味を持っています．かのアインシュタイン Einstein もブラウン運動に関する論文を出しています．

透析

　半透膜を使うとコロイド溶液からイオンや分子などの小さい粒子を分離することができます．この方法を透析といいます．腎臓の機能が悪い病気（腎不全など）をかかえる患者さんには血液中の"毒物"を除去するために透析をうけておられる方がいます．腎臓は血液中の不純物などをこして尿中に排出する器官ですから，いわば半透膜の役割をしているのです．

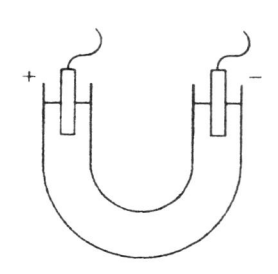

電気泳動

上のような装置を使ってコロイド溶液に電圧をかけると、コロイドは帯電しているので、電極に引っ張られて移動します。（正に帯電している粒子なら陰極へ…）この現象を**電気泳動**といいます。

電気泳動はDNAの解析に用いられます。DNAは負に帯電しているので、ゲルを使って電気泳動すると、分子量に応じて泳動度（ゲルに対する抵抗）の違いによって、流れ方が変わってきます。これを利用して、DNAの分子量を見積もるのです。

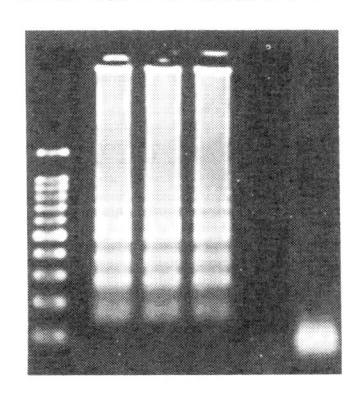

例題5-2

質量パーセント濃度30.0％の塩化鉄(III)水溶液（密度：1.29g/蒸留水 cm³）1ml を100mlの沸騰水にかきまぜながら加えたところ、赤褐色のコロイド溶液ができた。問1～問5に答えよ。

問1　ここで起こっている反応を化学反応式で記せ。

問2　コロイド溶液をセロハンの袋に入れて口をしばり、蒸

留水の中につるしておいた．しばらくして，セロハン袋の外側の水（外部液）を新しい水と入れかえた．

(1) このような操作の名称を記せ．
(2) この操作の進行状況を知るためには，外部液の何を調べたらよいか．次のア～カのうちから2つ選び，記号で答えよ．

　　ア　色の変化　　イ　塩化物イオン　　ウ　濁りぐあい
　　エ　pH　　　　　オ　鉄イオン　　　　カ　水酸化物イオン

問3　コロイド溶液をガラス製のU字管に入れ，蒸留水を静かに加えたのち，その両端に電極を挿入して直流電圧をかけたところ，陽極側の溶液の色がうすくなってきた．この実験により，コロイド粒子の性質についてどのようなことがわかるか．

問4　一定量のコロイド溶液をよく洗浄した3本の試験管（A，B，C）に取り，Aには塩化ナトリウム水溶液，Bには塩化バリウム水溶液，Cには硫酸ナトリウム水溶液を，それぞれ一定量加えて沈殿のできる様子を観察した．加える溶液の濃度が非常に薄いときには，いずれも沈殿は生じなかった．しかし，濃度を高めていくと沈殿が生じはじめ，その濃度は加えた電解質溶液の種類によって違うことがわかった．この沈殿を生じはじめるときの溶液の濃度を大きい方から並べるとどうなるか．次のア～カのうちから正しいものを選び，記号で答えよ．

　ア　塩化ナトリウム＞硫酸ナトリウム＞塩化バリウム
　イ　硫酸ナトリウム＞塩化バリウム＞塩化ナトリウム

ウ　塩化バリウム＞塩化ナトリウム＞硫酸ナトリウム
エ　塩化ナトリウム＞塩化バリウム＞硫酸ナトリウム
オ　硫酸ナトリウム＞塩化ナトリウム＞塩化バリウム
カ　塩化バリウム＞硫酸ナトリウム＞塩化ナトリウム

問5　次の(1)〜(5)のコロイド粒子またはコロイド溶液に関する記述において，下線部分について正しいものには○を記し，間違っているものは正しく書きかえよ．

(1) 豆乳に，にがり（$MgCl_2$）を加えて豆腐を分離させる操作は凝析である．
(2) 炭の粒子をにかわで包んでつくる墨汁は保護コロイドである．
(3) 河川が海に流れ込む河口付近で三角州ができるのは塩析によるものである．
(4) 金属の酸化物や水酸化物のコロイドは一般に親水コロイドである．
(5) 石けん水に多量の食塩を加えると石けんが析出するのは塩析である．

(岡山大)

〔解答・解説〕
問1　$FeCl_3 + 3H_2O \longrightarrow Fe(OH)_3 + 3HCl$
問2　(1) 透析
　　　(2) イ，エ
問3　正に帯電しているということ

問4　コロイド溶液を沈殿させる効率は，加える電解質の荷電状態に依存します．もしコロイド溶液が正に帯電していれば，このコロイド溶液を効率よく沈殿させる溶液は（電離して）負の荷電が多きもの

です.逆に,負にコロイド溶液が帯電していれば,なるべく大きな正の電荷を持った溶液を加えれば効率がよいのです.問3から今このコロイド溶液は正に帯電していることが分かりましたので負の荷電の大きいものの方が効率がいいわけです.また,問題の要請も考えて,加える濃度を大きい順に並べるなら,負の荷電の小さいもの順になってい るものが正解です.塩化バリウム＝$BaCl_2$,硫酸ナトリウム＝Na_2SO_4,塩化ナトリウム＝$NaCl$なので,正解はエになります.

問5 (1) 塩析
(2) ○
(3) 凝析
(4) 疎水コロイド
(5) ○

5.4 ミセルと細胞膜

セッケンの様に親水基と疎水基の両方を持った分子を**両親媒性分子**といいますが,これが会合してできたコロイド粒子をミセルといいます.

セッケンが泥などの汚れを落とすのは泥(＝疎水)の方に疎水基を向け,外側に向いた親水基が水になじみ汚れが落ちるという仕組みによってです.

細胞膜にもこれに似た様な構造が見出され,**脂質二重層**といい,以下の様になっています.

この様な構造をとることで細胞は流動性を持ち,自動的に閉鎖する能力を示します.さらにこの構造に特殊なタンパク質をはさみ込むことで,イオンなどを細胞の内外でやり取りさせるのです.

5.4 ミセルと細胞膜　69

細胞質側
膜タンパク

(イオンチャネル，transporter など)

♣♠◇♡ ***Advanced Study*** ♡◇♠♣

　血管とその外との水のやり取りには，**コロイド浸透圧**というものも重要な役割を果たします．
血管は内皮細胞というものが非常に密に隣と結合しています．このため血液中のタンパク質やその他のコロイド粒子をほとんど通しません．
つまり，血管はコロイドにとって不透過な膜として働き，濃度を一定に保ったりするなどに水を引き込む力，浸透圧を示すことになります．

(***Advanced Study*** 終わり)

---　今回のまとめ・覚えるべきこと　---

- 浸透圧の式は状態方程式と同じようなカタチ
- 浸透圧は"水を引っ張る力"
- コロイドの4つの性質

第 6 講　熱化学方程式

熱とはエネルギーそのものです．

物質の状態が変化する時，その反応系には様々な名称の熱が出入りします．（というか，熱が出入りすると物質の状態が変化するのです）．反応系で起きたことを示す式が**熱化学方程式**です．化学反応式の（通常は）右辺に出入りした熱量を明示し，$\longrightarrow$ を $=$ におき換えたものがそれです．$=$ は両辺の各々の状態で，熱総量が等しいということを意味します．例えば，

$$a\mathrm{A} + b\mathrm{B} = c\mathrm{C} + d\mathrm{D} + Q\mathrm{kJ} \cdots\cdots(*)$$

というのは a mol の A と b mol の B が反応すると c mol の C と d mol の D が生成し，Q kJ の熱がでる（もし，$Q>0$ なら外部へ，<0 なら負の熱量が外部へ＝内部に熱が取り込まれる）ということで，これを模式化すると（$Q>0$ の場合）

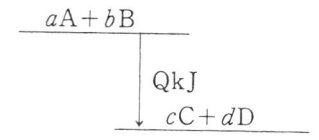

```
   aA+bB
   ─────
        │
        │QkJ
        ↓
        cC+dD
        ─────
```

（*）では右辺は Q kJ だけ足せば，左辺と等しいので，c mol の C と d mol の D が持つエネルギー自体は a mol の A と b mol の B の持つエネルギーより Q だけ小さいので，下に書かれているわけ

です．
また，物質の状態（固体をs，液体をl，気体をgと略すこともあります）を付記するのがマナーです．

6.1 いろいろな反応熱

反応熱の単位はkJ/molです．つまり，物質1molあたりの量であることに注意して下さい．

6.2 生成熱

化合物が構成要素となる元素の**単体**から生成する時に発生する時に発生または吸収する熱のことを**生成熱**といいます．
例えば，CO_2はC（黒鉛）とO_2から構成されていますから，熱化学方程式を書くと

$$C(黒鉛) + O_2(g) = CO_2(g) + 394 kJ$$

となります．生成熱は394kJです．
C：炭素の単体にはダイヤモンドやフラーレンなども知られていますが生成熱を求める際には最も安定なものを用います．

6.3 燃焼熱

物質が完全燃焼する際に発生する熱を**燃焼熱**といいます．

$$C(黒鉛) + O_2(g) = CO_2(g) + 394 kJ$$

はC（黒鉛）が完全燃焼しているので，C（黒鉛）の燃焼熱を示す熱化学方程式です．
このように同じ式でも見方によって意味の異なった反応熱が登場することがあります．何を主役にしたいのかをいつも気にしてお

くとよいでしょう．しかし，point は 生成熱は単体から， 1mol 当たりの2点です．

また，次の式は燃焼熱を表していないことを確認してください．

$$C(黒鉛) + \frac{1}{2}O_2(g) = CO(g) + 111kJ$$

6.4 中和熱

中和反応が起きて水 1mol を生成する時に発生する熱のことを**中和熱**といいます．強酸と強塩基が反応する場合には，1mol の H^+ と 1mol の OH^- が反応するだけなので溶液の種類によらず同じ値になります（56.5kJ）．弱酸や弱塩基の反応では溶液中に十分量の H^+ や OH^- が存在せず，それらを電離で引っぱってくるためエネルギーを使ってしまうので，強酸と強塩基の反応の際の中和熱より小さい熱量が生じることになります．もう，お分かりだと思いますが，電離度によって，つまり溶液の種類によって中和熱が異なってきますネ．

6.5 溶解熱

物質 1mol を溶解（十分に溶かしうる量の）に溶かした時に発生または吸収する熱量の事を**溶解熱**といいます．

6.6 蒸発熱

1mol の液体が気化（蒸発）する時に吸収する熱量の事を**蒸発熱**といいます．お湯を沸かす事を考えれば，「吸収」するということが容易に結びつくと思います．

6.7 ヘス Hess の法則

物質が変化して出入りする熱量は,反応物(原因)と生成物(結果)だけで決まり,途中経過にはよらない,という法則をヘス Hess の法則といいます.

物理学では,この様にエネルギーが原因と結果だけで決まる力のことを**保存力**といいますが,ヘスの法則も広い意味でのエネルギー保存則です.エネルギーはどこからか降って沸いたりしないので,人間はせっせと働くわけです.

例えば前出の2式を足し引きして

$$C(黒鉛) + O_2(g) = CO_2(g) + 394 kJ$$

$$-)\ C(黒鉛) + \frac{1}{2}O_2(g) = CO(g) + 111 kJ$$

$$\longrightarrow CO(g) + \frac{1}{2}O_2(g) = CO_2(g) + 283 kJ$$

と求めることができます.実際に CO を燃やすと 283kJ に近い発熱が確認されます.(必ずしもきっかり同じ値になるわけではないのですが…)

例題 6-1

次の①〜⑤に示す熱化学反応式を参考にして,問1〜問5に答えよ.ただし,反応熱はすべて 25℃,1atm の値である.

$CH_4(気) + 2O_2(気) = CO_2(気) + 2H_2O(液) + 891 kJ$ ……①
$C(黒鉛) + O_2(気) = CO_2(気) + 394 kJ$ ……②

$H_2(気) + \dfrac{1}{2}O_2(気) = H_2O(液) + 286 kJ$ ……③

$C(黒鉛) = C(気) - 719 kJ$ ……④

$H_2(気) = 2H(気) - 436 kJ$ ……⑤

問1　黒鉛および水素からメタンが生成する場合の生成熱を求め，熱化学方程式で記せ．

問2　メタンの生成熱を用い，メタン分子の炭素-水素（C-H）の結合エネルギーを求めよ．

問3　エタン分子の炭素-炭素（C-C）の結合エネルギーを見積もるには，エタンに関するどのような反応熱が必要か，その名称を記せ．また，熱量を $Q[kJ]$ として，その化学反応熱を熱化学方程式で記せ．

問4　このような熱化学方程式による計算の基礎となる法則の名称を記し，その法則の内容に関する次の文章の(a)〜(c)に適切な語句を記せ．

「化学反応の反応熱は，反応前後の(a)だけで決まり，(b)によらず，出入りする(c)は一定である．」

問5　問4の法則は，熱測定が困難な未知の反応熱も代数的な計算で求めることができることを意味する．たとえば，炭素の同素体である無定形炭素，黒鉛およびダイヤモンドの燃焼熱が分かれば，それら同素体が相互に変化する時の反応熱を知ることができる．無定形炭素およびダイヤモンドの燃焼熱は，それぞれ408kJ/molと396kJ/molである．これら3つの炭素同素体について次のア〜エの記述のうち，正しいものがあればすべてを選び，

6.7 ヘス Hess の法則

記号で答えよ．

ア 炭素同素体のうち最も安定なものはダイヤモンドであって，黒鉛よりは 2kJ/mol だけ安定である．

イ 炭素の同素体のうち最も安定なものは黒鉛であって，最も不安定な無定形炭素が黒鉛に変化する時は，14 kJ/mol の熱を吸収する．

ウ 炭素の同素体のうち，最も不安定なものは無定形炭素であって，もしこれがダイヤモンドに変化するとすれば，12kJ/mol の熱を発生する．

エ ダイヤモンドは炭素の同素体の中で中位の安定度を有し，もしこれが最も安定な黒鉛に変化するとすれば，2kJ/mol の熱を発生する．

(岡山大)

（解答・解説）

問1 ②＋2×③－① より求まります．

C(黒鉛)＋2H$_2$(g)
　　　　＝CH$_4$(g)＋75kJ

問2 メタンCH$_4$には4つのC-H結合があります．これに注意してエネルギーの上下関係を図にすると…

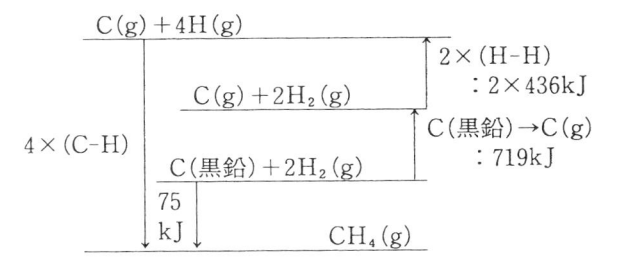

```
              C(g)+4H(g)
                                    ↑
                   C(g)+2H₂(g)      │ 2×(H-H)
                                    │  :2×436kJ
  4×(C-H)                           │ C(黒鉛)→C(g)
                   C(黒鉛)+2H₂(g)   │  :719kJ
                   │75
                   │kJ      CH₄(g)
                   ↓
```

76　第6講　熱化学方程式

この図（エネルギー図といいます）よりC−Hの結合エネルギー＝416.5kJ

∴ 416.5kJ/mol

†エネルギー図の書き方はこの後で詳しく解説します．

問3　問2が親切にもHintになっています．

やはりエネルギー図を書くと，生成熱（図中の⇓）が分かればOKです．

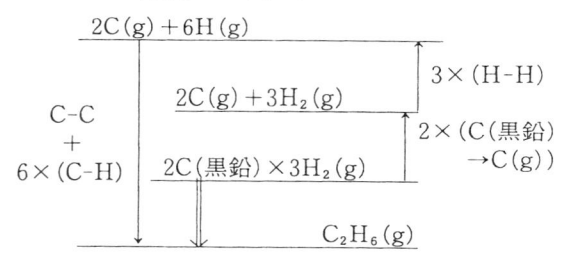

```
                2C(g)+6H(g)
                    │
                    │           ↑
                    │    2C(g)+3H₂(g)      3×(H-H)
   C-C              │           │           ↓
    +               │           │           ↑
 6×(C-H)            │           │     2×(C(黒鉛)
                    │           │      →C(g))
                    │    2C(黒鉛)×3H₂(g)     ↓
                    ↓       ⇓
                         C₂H₆(g)
```

2C(黒鉛)+3H₂(g)
　　　　＝C₂H₆(g)+QkJ

問4　ヘスの法則

(a) 状態

(b) 反応経路

問5　安定とは最も低いエネルギー状態のことをいいます．

燃焼熱はCO₂になる際に放出するエネルギーですから，

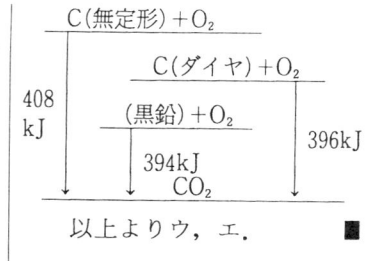

```
       C(無定形)+O₂
            │
            │    C(ダイヤ)+O₂
            │         │
     408    │         │    (黒鉛)+O₂
     kJ     │         │         │      396kJ
            │         │     394kJ       │
            ↓         ↓        ↓        ↓
                        CO₂
```

以上よりウ，エ．　■

6.8 結合エネルギー

気体状態の原子（分子ではなく）が結合して一つの結合をつく

る時に放出されるエネルギーのことを**結合エネルギー**といいますが，逆に分子内の結合を一つ切るのに必要なエネルギーを**解離エネルギー**といって，これら両者は同じ値になります．要するに見方が違うだけです．分子は普通，安定するために結合するわけで，これを切るのは結構大変そうです．（＝外部からエネルギーを与える！　というイメージ）

同じ様な種類のエネルギーとして**格子のエネルギー**というものがあります．

"格子"という名前からも想像出来るように，これは結晶をつくっている原子，分子，イオンなどを結び付けている結合を切るのに必要なエネルギーの事です．

6.9　エネルギー図の書き方

　要はエネルギー状態の高いもの（または低いもの）を順々に並べていけばそれで OK なのですが，コツは出発と終点を先に書いてしまうことです．

例題 2 を例に見てみましょう．問 2 では，

$$C(g) + 4H(g) \longrightarrow CH_4(g)$$

を考えればよいので，出発は $C(g) + 4H(g)$，終点は $CH_4(g)$ です．

```
①C(g)+4H(g) _____
  │
  │
  ↓ ②CH₄(g) _____
```

これの途中を与えられた式で埋めていけばいいのです．

問 1 から CH_4 の生成熱がわかっていますから

78　第6講　熱化学方程式

```
         C(g)+4H(g)
    ┬─────────────────
    │       ③C(黒鉛)+2H₂(g)
    │    ┬─────────────
    ↓②CH₄(g)      ↓
```

黒鉛の昇華熱，H−H結合エネルギーを書き込んで，完成です．

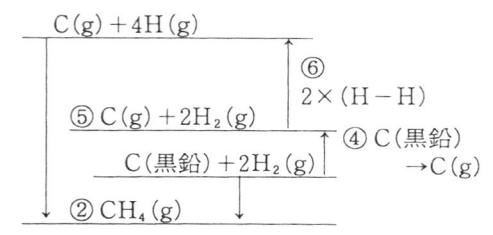

```
         C(g)+4H(g)
    ┬─────────────────
    │                  ⑥
    │                  2×(H−H)
    │    ⑤C(g)+2H₂(g)
    │  ┬─────────────  ④C(黒鉛)
    │  │ C(黒鉛)+2H₂(g)↑  →C(g)
    ↓②CH₄(g)      ↓
```

この様に一つずつ状態を変化させていくとおのずと完成します．結合エネルギーを書き込むときは何個結合エネルギーを切っているかに特に注意します．矢印の（上下の）向きは特に気にする必要はありません．C(黒鉛)をC(g)にして…と考えれば上向きの矢印にしたくなるでしょうし，逆にC(g)が安定化したらC(黒鉛)だ，と思えば下向きの矢印を引きたくなります．ちょっと抽象的な問題で確認しましょう．

── 例題6−2 ──

いま原子Qと原子Rとからなる分子QRを，イオンQ⁺とイオンR⁻とに解離させるために必要なエネルギーEを考える．原子QをイオンQ⁺にするために必要な ア をI，原子RをイオンR⁻にする際に放出される発熱量（電子親和力）をJとし，また，分子QRを原子Qと原子Rに解離させるために必要なエネルギーをDとする．このとき，これ

ら I, J, D を用いて $E =$ イ と書き表される.

NaCl と AgCl の結晶は,いずれも ウ 結合で結びついているが,NaCl は水溶性であるのに対し,AgCl は水に難溶性である.これらの水への溶解性は,結晶から＋イオンと－イオンとに解離させるために必要なエネルギー F とそれぞれのイオンが溶液中で エ によって安定化されるエネルギー G との大小関係によって決まる.したがって,AgCl の場合には,F と G の絶対値の大小関係,および,AgCl 分子を Ag^+ イオンと Cl^- イオンとに解離させるために必要なエネルギー E と AgCl 結晶での F の絶対値の大小関係は オ となる.

オ の選択肢：
(1) $|F|>|G|$, $|E|>|F|$ (2) $|F|>|G|$, $|F|>|E|$
(3) $|G|>|F|$, $|E|>|F|$ (4) $|G|>|F|$, $|F|>|E|$

(慶應大 理工)

(解答・解説)

ア　イオン化エネルギー

イ　J は R が R^- になる時に放出されるエネルギーだということなので R の方が上にあるはずです.この図から
$$D + I = E + J$$

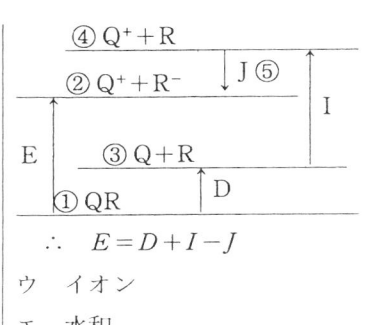

∴ $E = D + I - J$

ウ　イオン

エ　水和

オ　エネルギーが低い方が安定

なので AgCl（結晶）が一番下にいるワケです．∴ (2)

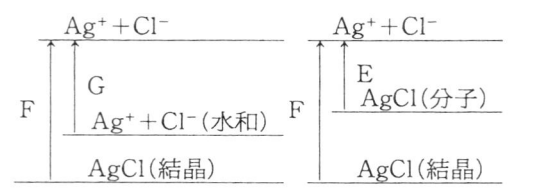

```
      Ag⁺+Cl⁻              Ag⁺+Cl⁻
        │ G                   │ E
   F    │                F    │ AgCl(分子)
        Ag⁺+Cl⁻(水和)          ─────────
      AgCl(結晶)            AgCl(結晶)
```

今回のまとめ・覚えるべきこと

- 各種反応熱は 1mol あたり，生成熱は単体から．
- エネルギー図の書き方：まず出発点とゴールを書く．

第7講 反応速度と化学平衡

7.1 反応速度

　これまでもなんとなく反応について考えてきましたがここでちゃんと化学反応を考えておきましょう．

$$a\mathrm{A} + b\mathrm{B} \longrightarrow c\mathrm{C}$$

という反応があるとしましょう．
A，Bの種類によっては，あっという間にこの反応が進行してCが生成することも，ゆっくりと反応するということもあります．工業化学などでは効率を優先しますからなるべく早く反応が進んでくれた方がいいでしょう．そこで，反応の進み方を考察する指標として**反応速度**が登場します．

　反応が起こるというのは微視的に見れば分子同士が衝突することに他ならないので，その回数が多ければ多いほど，（つまり濃度が高ければ高いほど）反応速度は大きくなります．

　例えばヨウ化水素 HI の生成反応

$$\mathrm{H}_2 + \mathrm{I}_2 \longrightarrow 2\mathrm{HI}$$

では，反応速度 v は反応物のそれぞれの濃度に比例．したがって濃度の積に比例することが知られていて，比例定数（**速度定数**）を k とすると

$$v = k[\mathrm{H_2}][\mathrm{I_2}]$$

k は温度の関数です．$\frac{1}{2}mv^2 = \frac{3}{2}kT$（この k はボルツマン定数）ですから，温度の高い方が，分子の運動エネルギーが大きく衝突が起こる確率も高くなります．

7.2　活性化エネルギー

$$\mathrm{C(黒鉛)} + \mathrm{O_2(g)} = \mathrm{CO_2(g)} + 394\,\mathrm{kJ}$$

この反応式は下のようなエネルギー図を与えます．

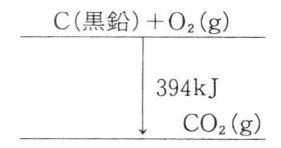

```
    C(黒鉛)+O₂(g)
    ─────────────
         │
         │ 394kJ
         │   CO₂(g)
         ▼ ─────────
```

　これはまるで C(黒鉛) と $\mathrm{O_2}$ を容器に入れてほっておくと反応が起こるかのような錯覚におちいります．しかし実際には黒鉛（例えば，シャープペンシルの芯）をほっといても燃えません．(もし燃え出したらエライことです．とてもテストどころの騒ぎではありませんネ.) これは一体どういうことでしょうか．

　化学反応が起こるには，原子，分子などの粒子が衝突して組み換えが起こらなければいけません．ということは，粒子はある程度の運動エネルギーを持っていなければいけません．（こうした粒子を不安定な**活性錯体**といいます.）この活性錯体を生じるのに必要なエネルギーを**活性エネルギー**といってこれが反応を"制御"しているのです

　この活性化エネルギーが大きければその反応は当然進みにくく，

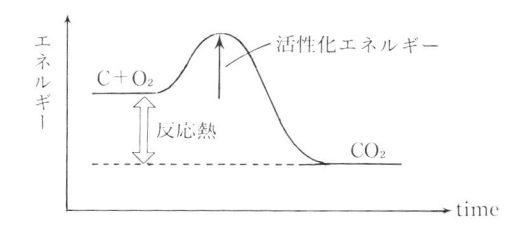

7.2 活性化エネルギー

小さければ容易に反応が進むわけです．

温度条件を変化させたり，触媒（or 酵素）を反応の系に加えたりすると活性化エネルギーも変化します．

---- 例題 7-1 ----

水溶液中の過酸化水素 H_2O_2 の分解反応は

$$2H_2O_2 \longrightarrow 2H_2O + O_2 \cdots\cdots(1)$$

と表され，その反応速度は，単位時間当たりの H_2O_2 の分解量，または，酸素の生成量を測定することによって求められる．H_2O_2 の濃度 $[H_2O_2]$ の変化の速度は，次式のように $[H_2O_2]$ に比例することが実験的に分かっている．

$$\frac{d[H_2O_2]}{dt} = -k[H_2O_2] \cdots\cdots(2)$$

ここで，t は時間，k は比例定数と呼ばれ，反応温度によって変化し，絶対温度 T との間に次の関係式(3)が成立する．

$$\ln k = -\frac{E_a}{RT} + C \cdots\cdots(3)$$

ただし，E_a は反応の活性化エネルギー，R は気体定数，C は定数である．また $\ln = \log_e$ を表すものとする．

さて，水溶液中の H_2O_2 は常温ではほとんど分解しないが，

少量の酸化マンガン(IV)や鉄(III)イオン，または酵素であるカタラーゼなどの触媒が存在すると速やかに反応して酸素を発生する．次の問に答えよ．

(1) 適当な実験装置を用いて室温付近の温度 T_1 とそれより高い温度 T_2 とで実験を行い，酸素発生量を縦軸に，反応時間を横軸にとって実験結果をグラフにすると，どのようになると予想されるか．T_1，T_2 についてそれぞれ予想される結果を一つの図にまとめて定性的に描き，その差異を簡潔に説明せよ．ただし，反応に用いた H_2O_2 がすべて分解してしまうまでのグラフを描くこと．また，両温度で用いる試薬量は同じとする．

(2) 25℃で過酸化水素水に触媒として塩化鉄(III)を加え，H_2O_2 の分解反応を H_2O_2 量の現象で観察した．表1に各反応時間における [H_2O_2] の値を示した．このデータを用いて，H_2O_2 の分解は一次反応であることを示し，速度定数 k の値を求めよ．計算過程も記せ．

表1 H_2O_2 の分解反応中の濃度変化（25℃）

t	[H_2O_2]
0min	0.542mol/l
1	0.497
2	0.456
3	0.419

(3) 絶対温度 T_1，T_2 における速度定数がそれぞれ k_1，k_2 であるとすれば，活性化エネルギー E_a はどの様な式で表されるか．

(4) 触媒として H_2O_2 分解酵素であるカタラーゼを用いた場合は，塩化鉄(III)を用いた場合と比較して，H_2O_2 分解反応の温度依存性に顕著な差異はあるか．もしあると考えるならば，その差異について簡潔に説明せよ．

(慶應大 医)

(解答・解説)

(1) 温度を上げるとそれだけ分子の運動エネルギーも大きくなり，衝突の頻度も上がるので，一般に反応速度は大きくなります．

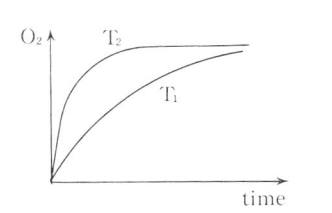

(2) 少し technical ですが，「反応速度 v が温度に比例」という濃度は平均の濃度で代用します．

	v	$\overline{[H_2O_2]}$	$v/\overline{[H_2O_2]}$
$t=0\sim1$	$\dfrac{0.542-0.497}{1-0}$	$\dfrac{0.542+0.497}{2}$	0.0867
$1\sim2$	$\dfrac{0.497-0.456}{2-1}$	$\dfrac{0.497+0.456}{2}$	0.0861
$2\sim3$	$\dfrac{0.456-0.419}{3-2}$	$\dfrac{0.456+0.419}{2}$	0.0846

この表から $k=0.086 l/\text{mol}$ でほぼ一定なので

$v \approx [\mathrm{H_2O_2}]$ という**一次反応**である．

(3) $\ln k_1 = -\dfrac{E_a}{RT_1} + C$

$-)\ \ln k_2 = -\dfrac{E_a}{RT_2} + C$

$\overline{\ \ln\dfrac{k_1}{k_2} = \dfrac{E_a}{R}\left(\dfrac{1}{T_2} - \dfrac{1}{T_1}\right)\ }$

$\therefore\ E_a = \dfrac{RT_1T_2}{T_1 - T_2}\ln\dfrac{k_1}{k_2}$

(4) 酵素はタンパク質で，体内で効率よく働くように出来ています．(40～50℃で最大活性を示すものが多いのですが…)

よって差異はある．　■

ある反応に対して逆向きの反応が起こる時，その反応を**可逆**であるといい，左辺から右辺への反応を普通，**正反応**といい，右辺から左辺の反応を**逆反応**といいます．

♣♠◇♡ *Advanced Study* ♡◇♠♣

活性化エネルギーが大きいと反応が進まないといいましたが，どれくらいで"大きい"というのでしょうか．慶應大-医の問題文中の式を変形して，対数の底を e から10に変換すると，

$$E = -RT\,2.303\log k$$

(計算の都合上 C は0としました)
RT はエネルギーの次元を持つことに注意して下さい．室温 (25℃) で実験しているとすると

$$R = 8.31\ \text{なので}，RT\,2.303 \approx 5.7\,\mathrm{kJ}$$

これくらいのエネルギーは空気中から簡単に得られるというくらいになります．

　実際には液相や圧力などの条件が重なるのでもう少し大きな (5.7kJ の 2～3 倍くらい) 値になるとその反応は逆戻りが出来

ない反応ということになります．

　もっと厳密に議論をするには熱力学の正確な知識が必要となるので，これ以上の深入りはさけますが，上で上げた $RT2.303$ くらいのエネルギーを空気とやりとりするという感覚は持っていて損はないと思います．　　　　　　　　　　(***Advanced Study*** 終わり)

　4月号でも取り上げましたが，化学平衡についてもう少し学んでおきましょう．
反応が見かけ上停止した状態を（化学）平衡状態といいました．
この時次の法則が成り立ちます．

$$a\mathrm{A}+b\mathrm{B}\rightleftharpoons x\mathrm{X}+y\mathrm{Y}$$

が平衡状態にあるとき温度が一定ならば

$$K=\frac{[\mathrm{A}]^a[\mathrm{B}]^b}{[\mathrm{X}]^x[\mathrm{Y}]^y}$$ は常に同じ値をとる．**（質量作用の法則）**

この法則を使って色々な問題を解くことになるのですが，この分野は多くの受験生が不得意とするところです．（実はそんな難しいことはないのです．ある1つの約束事を守れば…）酸・塩基，緩衝溶液といった知識を学んでから詳しく学ぶということになります．

　今回のうちは平衡状態を変化させる条件と，ルシャトリエの原理を確認しておきましょう．

―― 例題 7 - 2 ――――――――――――――――――

　次の文章を読んで，下記の問に答えよ．計算問題は解答の根拠も示すこと．

　水素とヨウ素を密閉容器に入れて高い温度に加熱するとヨ

ウ化水素が生成するが，この反応は可逆反応で，生成したヨウ化水素の一部は分解して水素とヨウ素になる．一定温度では，水素，ヨウ素，およびヨウ化水素の割合が一定の平衡状態になる．

1モルの水素と1モルのヨウ素を体積一定の頑丈な容器に入れて，500Kに保ったところ，容器内の圧力は2気圧になった．

(1) 800Kでは入れたヨウ素の何パーセントがヨウ化水素に変化しているか．ただし，500Kにおける化学平衡，
$$H_2 + I_2 \rightleftharpoons 2HI$$
の平衡定数 K は100とする．

(2) $H_2 + I_2 \rightleftharpoons 2HI$ におけるエネルギー変化を，2つの活性化エネルギーの関係が分かるように図示せよ．
ただし，
$$H_2 + I_2 \longrightarrow 2HI$$
における反応の活性化エネルギーは169kJ，
$$2HI \longrightarrow H_2 + I_2$$
における，反応の活性化エネルギーは178kJである．

(3) 温度が高くなるとヨウ化水素の生成量は多くなるか，少なくなるか，理由を示して答えよ．

(4) ヨウ素の結合エネルギーは149kJ/mol，また，水素の結合エネルギーは432kJ/molである．ヨウ化水素の結合エネルギーを求めよ． (横浜市立大 医)

(解答・解説)

(1) 先程述べた"約束事"とは次の反応式を必ず書くことです．

$$\begin{array}{cccc} & H_2 & + & I_2 & \longrightarrow 2HI \\ \text{反応前} & 1 & & 1 & 0 \\ \text{量} & -\alpha & & -\alpha & +2\alpha \\ \hline \text{平衡時} & 1-\alpha & & 1-\alpha & 2\alpha \end{array}$$

容器の体積を V とすると，平衡定数 K は

$$K = \frac{(2\alpha/v)^2}{(1-\alpha/v)^2}$$

これが100に等しいので，$\alpha = 0.833\cdots$

∴ 83%

(2)

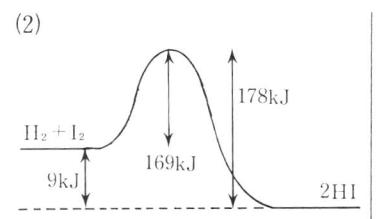

H₂+I₂ ── 9kJ ── 169kJ ── 178kJ ── 2HI

(3) ルシャトリエの原理により，高温にすると高温をやわらげる方向，つまり吸熱方向＝ヨウ素が減少する方向に平衡が移動する．

(4) H－Iの結合エネルギーを Q とすると，エネルギー図より

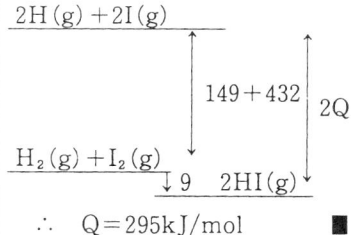

2H(g)+2I(g)

149+432 ／ 2Q

H₂(g)+I₂(g) ↓9 2HI(g)

∴ $Q = 295$ kJ/mol ■

――― 今回のまとめ・覚えるべきこと ―――
- 反応が進むかどうかは活性化エネルギー次第
- 平衡の問題は反応式＋反応前，反応量，平衡時の mol 数を書く

第8講 酸と塩基

　人間は男と女の2種類に分類できますが，化学反応においては物質も**酸**と**塩基**という2種類に分類できます．

　中学校（小学校？）以来，酸性，塩基性という言葉に馴れ親しんでいると思いますが，それとは少し異なるので注意が必要です．いくつかの定義があります．

アレニウス Arrhenius の定義

酸：水に溶けて H_3O^+（オキソニウムイオン）を生じる物質

塩基：水に溶けて OH^- を生じる物質

$H_3O^+ = H^+ + H_2O$ と思えばこの定義は今まで馴れ親しんだ酸性，塩基性にしっくりきますネ．

ブレンステッド Bronsted の定義

酸：相手に H^+ を与える物質

塩基：相手から H^+ を受け取る物質

酸の方は大差ないのでOKだと思います．今回の冒頭に人間は男と女に…と述べましたが，男＝酸，女＝塩基と覚えておけばブレンステッドの定義もすんなり受け入れられるのではないかと思います．（どうして酸が男で，塩基が女なのかは各自考えてください．スグ分かると思いますが…）1コの酸が（最大で）n コの H^+ を与えられる時，その酸の**価数**が n 価であるといいます．塩

基についても同様です.

n コの H^+ を出すといってもそれは物質が電離して H^+ を出すわけです. そこで, 同じ価数の酸 (または塩基) 同士でも電離のしやすさ (＝電離度) が異なれば, 酸 (または塩基) としての性質も異なってきます. つまり, 酸や塩基といった時, 価数がいくらかということも重要ですが, 電離度が大きな意味を持ってきます. 電離度が大きい (簡単に電離する) 酸 (または塩基) を**強酸 (強塩基)**, 小さい (電離しにくい) 酸 (または塩基) を**弱酸 (弱塩基)** といいます. (電離度は濃度によって変化するので, 本当は酸・塩基の強弱は電離度ではなく, 電離定数で決められます.)

弱酸の電離平衡 $HA \rightleftharpoons H^+ A^-$ において平衡定数 $K_a = \dfrac{[H^+][A^-]}{[HA]}$ を弱酸の電離定数といいます. A は acid (酸) の A です. 弱塩基の場合には, $BOH \rightleftharpoons B^+ + OH^-$ として, $K_b = \dfrac{[B^+][OH^-]}{[BOH]}$ を電離定数とします. B は base (塩基) の B.

平衡定数と別に変わらないので改めて覚えるという必要はないと思います. 濃度を c, 電離定数を α とすると

$$HA \rightleftharpoons H^+ + A^-$$
$$c(1-\alpha) \quad c\alpha \quad c\alpha$$

なので, $K_a = \dfrac{c\alpha \times c\alpha}{c(1-\alpha)} = \dfrac{c\alpha^2}{1-\alpha}$

ルシャトリエの原理より, c が大きくなると, 電離度 α は小さくなって, 弱酸の case は, $\alpha \ll 1$ なので, 1次近似して,

$$\dfrac{c\alpha^2}{1-\alpha} \fallingdotseq (c\alpha^2)(1+\alpha) \fallingdotseq c\alpha^2 \quad \therefore \quad \alpha \fallingdotseq \sqrt{K_a/c}$$

K_a は温度の関数なので，濃度を調べれば電離度がわかるというわけです．

8.1 水のイオン積

水はわずかに電離していて，
$$H_2O \rightleftharpoons H^+ + OH^-$$
となっていますが，その割合はとても小さいので，$[H_2O]$ をほぼ一定とみなして，
$$K[H_2O] = [H^+][OH^-] = K_w$$
これを**水のイオン積**といいます．
25°C で 1.0×10^{-14}
37°C で $1.0 \times 10^{-13.6}$ という値を示します．

8.2 液性

$[H^+]=[OH^-]$ という状態を中性，$[H^+]>[OH^-]$ を酸性，$[H^+]<[OH^-]$ を塩基性といいます．これらを定量的に表す方法が pH で p は potential から来ていて，逆対数を取るという意味です．

つまり，$pA = \log\dfrac{1}{A} = -\log A$

ということで，$pH = -\log[H^+]$

となります．pOH も当然考えられます．

酸を塩基で混ぜ合わせて，酸が出す H^+ と塩基が受け取る H^+ がちょうど同じになると**中和**したといいます．この作業を一般に**中和滴定**といって，次図のような器具（名前と器具の形は必ず覚え

て下さい）を用いて文字通り一滴一滴たらしていくので滴定と呼ばれています．

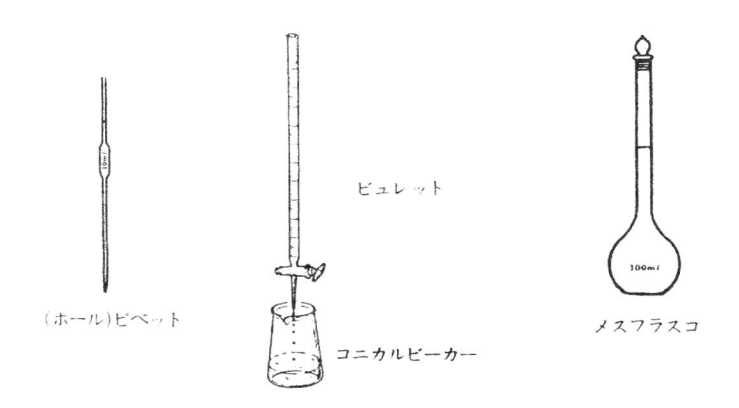

メスフラスコ：容量を正確に測れる．
ホールピペット：一定量を正確に取れる．
ビュレット：滴下量を正確に知れる．

中和滴定で問題になるのは，ちょうど中和が完了した時（＝中和点）をどうやって知るかということですが，これは**指示薬**というpHによって色の変わる物質を用います．代表的な指示薬は覚えておく必要があります．

$$\text{フェノールフタレイン pH：8.3} \longrightarrow 10.0$$
$$\text{無色} \longrightarrow \text{赤}$$
$$\text{メチルオレンジ　pH：3.1} \longrightarrow 4.4$$
$$\text{赤} \longrightarrow \text{オレンジ}$$

指示薬の選び方にもコツがあって，中和滴定によるpHの変化が変色領域とoverlapするように選べばOKです．

例えば強酸と強塩基の中和反応では両方とも"強い"ので中和点はpH=7(25℃).この値を変色域に持つような指示薬を選ぶことになります.フェノールフタレインもメチルオレンジもOKですネ.

では,強酸と弱塩基の中和反応ではどうでしょうか? 中和点は,今度は酸の方が"強い"ので,酸寄りの値となるわけです.(ベクトル的な考えです)となると,フェノールフタレインは変化域がpH8.3〜10.0なので不適ということになります.

同様に考えて,弱酸と弱塩基では,メチルオレンジが不適ということになります.

グラフにすると,(それぞれ酸に塩基を滴下していった場合の図)

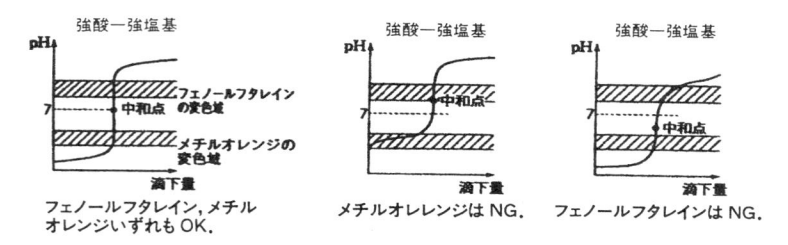

フェノールフタレイン,メチルオレンジいずれもOK.　　メチルオレンジはNG.　　フェノールフタレインはNG.

弱酸と弱塩基の場合がないって? それはどっちも弱い＝電離している H^+ も OH^- も少ないということだから,反応があまり進行しないので,実験系としてオモシロクナイわけです.

いずれにしても,中和反応の結果,水と塩(えん)が生成します.塩は正塩,酸性塩,塩基性塩と3種類に分類されます.こういうと簡単そうですが,これがやっかいで,酸性塩だからといって酸性を示すとは限らないのです.

酸性塩とは分子式中に酸由来のHが残っているもの,塩基性塩

とは分子中に塩基由来のOHが残っているもの，正塩とは分子中にHもOHも残っていないものをいいます．

例えば，$NaHCO_3$ はHが残っているので酸性塩ですが，弱酸である H_2CO_3 と強塩基であるNaOHからできている（と思って良い．Naから一番なじみのある塩基性物質を想像して下さい）ので，塩基性を示します．（弱酸＋強塩基⟶（弱）塩基）

NH_4Cl はHが4つも残っているから酸性塩かと思いきや，HはNH$_3$由来のHなので，正塩に分類されます．

今述べた塩が酸性を示すとか，塩基性を示すというのは，水に溶けた時のことを考えているわけですが，これを**加水分解**といいます．

加水分解の割合（言い換えれば電離なので）も平衡定数で決まるので，多くの受験生が苦手とするところのようです．

例題 8-1

0.1mol/l の水酸化ナトリウム水溶液による 0.1mol/l の塩酸および 0.1mol/l の酢酸水溶液の中和滴定について下の問に答えよ．ただし，水溶液中における塩化水素の電離度を 1.0，酢酸の電離度を 0.01 と仮定する．中和滴定における中和点は，あらかじめ加えてある pH 指示薬の変色域の変化により検出する．指示薬は (ア) が中和点に一致するように選択しなければならない．pH 指示薬として一般的に用いられるフェノールフタレインの色は酸性では (イ) で，中和点付近では (ウ) となる．フェノールフタレインもまた弱酸であり，以下のように電離する．

$$HA \rightleftharpoons H^+ + A^-$$

ここで HA は電離していないフェノールフタレインを示す.中和点における ウ は エ の色であり,中和点において エ が増加することで,色の変化が生じる.

問1.文中の ア 〜 エ に適切な語句または記号を入れよ.

問2.滴定前の塩酸と水溶液の pH を求めよ.

問3.中和点において中溶液中に存在するイオンの濃度(モル濃度)について,以下の記述の中から正しいものを全て選び, a〜j の記号で答えよ.

 a.塩酸の滴定では水素イオンの濃度は水酸化物イオンの濃度より小さい.

 b.塩酸の滴定では水素イオンの濃度は水酸化物イオンの濃度より大きい.

 c.塩酸の滴定では水素イオンと水酸化物イオンの濃度は等しい.

 d.酢酸水溶液の滴定では水素イオンの濃度は水酸化物イオンの濃度より小さい.

 e.酢酸水溶液の滴定では水素イオンの濃度は水溶化物イオンの濃度より大きい.

 f.酢酸水溶液の滴定では水素イオンと水酸化物イオンの濃度は等しい.

 g.水素イオンの濃度は中和される酸の種類によらず一定である.

 h.水素イオンも水酸化イオンも存在しない.

 i.塩酸の滴定では塩化物イオンとナトリウムイオンの濃

度は等しい.
j．酢酸水溶液の滴定では酢酸イオンとナトリウムイオンの濃度は等しい.

問4．フェノールフタレインの濃度を 1.0×10^{-4} mol/l とし，その40%が電離した時目視で溶液の色の変化が分かるものとする．このときの水素イオン濃度（mol/l）はいくらか．有効数字2桁で答えよ．ただし，フェノールフタレインの電離定数（K_a）は 3.0×10^{-9} mol/l とする．

(九州大)

（解答・解説）

問1．(ア) 変色域　(イ) 無色
　　　(ウ) 淡赤色　(エ) A^-

問2．塩酸の電離度は1なので，H^+ の濃度は 0.1×1
　　∴ pH＝1
　　酢酸の場合は，0.1×0.01
　　∴ pH＝3
　　HCl：1　CH_3COOH：3

問3．c, d, i

問4　前回述べたように平衡の問題を解くコツは反応式の下に各状態の値を書くことです．その際…

	HA	⇌	H^+	$+A^-$
前	10^{-4}		?	0
量	$-10^{-4}\cdot40\%$			$+10^{-4}\cdot0.4$
平衡時	$10^{-4}\cdot0.6$		?	$10^{-4}\cdot0.4$

の様に（たいていは求めろといわれているもの）他の物質（またはほかの反応式）からもやって来るイオンは，深く追求せず，？とでもおいて，電離定数の式に代入します．電離定数の値は一定なので，H^+ が計算から自動的に求まるという仕組みです．

$$K_a = \frac{10^{-4}\cdot0.4\times[H^+]}{10^{-4}\cdot0.6} = 3.0\times10^{-9}$$

∴ $[H^+] = 4.5 \times 10^{-9} \text{mol}/l$

例題 8-2

各問に答えよ．必要があれば，原子量として下の値を用いよ．

H：1.0 C：12.0 N：14.0 O：16.0 Na：23.0 S：32.1 Cl：35.5

有機物に含まれるタンパク質などの有機窒素化合物の量は，それを摂取する生物にとっての有用性，例えば栄養的価値，を示す指標の一つとして用いられている．試料に含まれる有機窒素化合物の窒素をアンモニアに変換して分析する実験について述べた以下の文を読み，問ア〜エに答えよ．

試料 0.20g に濃硫酸 5ml と触媒を加えて加熱した．この加熱過程において，試料は分解され，含まれていた有機窒素化合物の窒素は硫酸水素アンモニウムとなる．あらかじめ蒸留水 50ml を入れておいた丸底にフラスコAに，加水分解が終了した試料液の全量を移した．そして，図に示す実験装置を組み立てた．コックBを開き 10mol・l^{-1} 水酸化ナトリウム水溶液 20ml を少量ずつ丸底フラスコAに加え，アンモニアを発生させた．続いて，コックBを閉じ，コックCを開いて水蒸気を丸底フラスコAの溶液中に送り込んだ．アンモニアを捕集するために，丸底フラスコAから水蒸気とともに送られてくるアンモニアを冷却管Eで冷却し，希塩酸 10ml を入れた三角フラスコDに導入した．丸底フラスコAから発生するアンモニアを全て捕集した後，図の実験装置から三角フラスコDを取り外した．この三角フラスコD内の溶液にメチ

ルレッドを指示薬として加え，$x$mol・l^{-1}水溶化ナトリウム水溶液を用いて中和滴定を行ったところ，9.2mlを加えたところで溶液が赤色から黄色に変化したので，ここを中和の終点とした．試料を加えずにまったく同様に全ての操作を行ったところ，最後の中和に要した$x$mol・l^{-1}水酸化ナトリウム水溶液の量は21.1mlであった．

問ア 下線部1において，丸底フラスコA内の溶液ではどのような化学反応が起こっているか，反応式で示せ．

問イ 下線部2の$x$mol・l^{-1}水酸化ナトリウム水溶液の濃度を求めるために，次の操作を行った．まず，シュウ酸二水和物$(COOH)_2・2H_2O$を3.15gとり，水に溶かして1000mlとした．このシュウ酸水溶液10.0mlにフェノールフタレインを指示薬として加え，上記$x$mol・l^{-1}水酸化ナトリウム水溶液で滴定したところ，中和に11.1ml要した．xの値を有効数字2桁で求めよ．結果だけでなく求める過程も記せ．

問ウ 試料0.20gから生じたアンモニアのモル数を有効数字2桁で求めよ．結果だけでなく求める過程も求せ．

問エ シュウ酸と水酸化ナトリウムの中和反応の終点では，シュウ酸イオンのごく一部が水分子と反応してシュウ酸水素イオンと水酸化物イオンを生じるため，水溶液は弱いアルカリ性を示す．この時の水酸化物イオンの濃度は，中和反応の終点におけるナトリウムイオンの濃度Y(mol・l^{-1})，水のイオン積K_w(mol^2・l^{-1})，およびシュウ酸水素イオンがシュウ酸イオンと水素イオンに電離す

る時の電離定数 K_2(mol・l^{-1}) を用いて近似的に求める事ができる．この時のpHを，Y, K_w, K_2 で表せ．結果だけでなく求める過程も示せ．

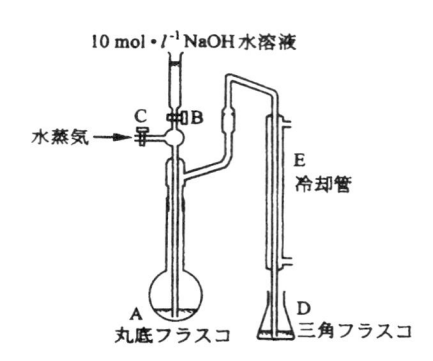

10 mol・l^{-1} NaOH水溶液

水蒸気 →

C　B
E 冷却管
A 丸底フラスコ
D 三角フラスコ

丸底フラスコA内の試料液からアンモニアを発生させ捕集する装置

(東京大)

(解答・解説)

問ア　NH_4HSO_4
　　　　$= NH_3 + H_2SO_3$
だと思うと，NaOHは2コ必要で，
$NH_4HSO_4 + 2NaOH$
　　$\longrightarrow NH_3 + NaSO_4 + 2H_2O$

問イ　$(COOH)_2 \cdot 2H_2O$
　　　　　　$+ 2NaOH$
　　$\longrightarrow (COONa)_2 + 2H_2O$

より

$2:1 = x\dfrac{11.2}{1000} : \dfrac{3.15}{126}\dfrac{10.0}{1000}$

$\therefore\ x = 4.5 \times 10^{-2}$ mol/l

問ウ　$NH_3 + HCl \longrightarrow NH_4Cl$
の反応で失われたHClは
$21.2 - 9.2$ ml だから NH_3 は

$0.0450 \times \dfrac{21.2 - 9.2}{1000}$

　　　　　$= 5.40 \times 10^{-4}$

∴ 5.4×10^{-4} mol

問エ 色んな反応が一度に起こっているのでワケワカラナクなりますが，順序立てて，反応を考えていきます．

$(COOH)_2 + 2NaOH$
$\longrightarrow 2Na^+ + C_2O_4^{2-} + 2H_2O$

$C_2O_4^{2-} + H_2O$
$\rightleftharpoons HC_2O_4^- + OH^-$ から

$[HC_2O_4^-] = [OH^-]$

この電離は非常に少ないと考えられて

$[C_2O_4^{2-}] \fallingdotseq [Na^+]/2$

$K_2 = \dfrac{[C_2O_4^{2-}][H^+]}{[HC_2O_4^-]}$

$= \dfrac{Y/2 [H^+]}{K_w/[H^+]}$

∴ $[H^+]^2 = \dfrac{2K_w \cdot K_2}{Y}$

$pH = -\dfrac{1}{2}\log \dfrac{2K_2 K_w}{Y}$ ■

今回のまとめ・覚えるべきこと

- 酸は男，塩基は女
- 平衡の問題は，反応式の下に各状態の量を書く（再掲）

第 9 講 緩衝溶液&酸化還元反応

前回の補足から始めましょう．酸と塩基のハナシで一番狙われやすいのが**緩衝溶液**の問題です．有名な緩衝溶液は

酢酸と酢酸ナトリウムの混合溶液

アンモニアと塩化アンモニウムの混合溶液

です．前者を例に見てみると，溶液には

$$CH_3COOH \rightleftharpoons CH_3COO^- + H^+ \quad \cdots\cdots ①$$
$$CH_3COONa \longrightarrow CH_3COO^- + Na^+ \quad \cdots\cdots ②$$

CH_3COOH, CH_3COO^-, H^+, Na^+ の4種類の分子，イオンが存在します．ここに少量の H^+ を加えるとどうなるでしょうか．ルシャトリエの原理から H^+ を加えた影響を減らす，つまり①の左辺へ平衡が移動します．当然 CH_3COO^- も減少しますが②式から CH_3COO^- は十分供給されているので，その現象の影響は無視できます．

結果，$\dfrac{[CH_3COO^-]}{[CH_3COOH]}$ の比は変わらず①式の平衡定数 K_a（温度の関数だから一定）

$$K_a = \dfrac{[CH_3COO^-][H^+]}{[CH_3COOH]}$$

から $[H^+]$ も不変，つまり pH が不変となります．この作用の

ことを**緩衝作用**といいます．アミノ酸やタンパク質を扱う実験では，pH の影響でアミノ酸の荷電状態やタンパク質の構造が変化してしまうので，この緩衝溶液を加えることが必要になってきます．

---- 例題 9-1 ----

次の文を読み問に答えよ．必要なら log2＝0.301, log3＝0.477, log7＝0.845 を用いよ．

グリシンはアミノ酸の一つで，両性電解質である．両性電解質とは，その分子内に酸性基および塩基性基をもち，酸および塩基としての両方の性質を示す．アミノ酸は結晶中において双性イオンとして存在し，同一分子中に陽イオン－NH_3^+ と陰イオン －COO^- をもつ．このためアミノ酸は一般の有機化合物に比べて融点や沸点が高く，水に溶けやすいなどイオン結晶としての特徴を示す．さらにこの双性イオンはプロトン供与体（酸）であり，同時にプロトン受容体（塩基）にもなりうる．ある種のアミノ酸が緩衝液の調製に用いられるのはこのような分子の特性による．

グリシンの水溶液において陽イオン型のグリシンから2個のプロトンが段階的に解離する際の第1段階目のプロトン解離の電離定数を K_1，第2段階目でのそれを K_2 とするとそれらの値はそれぞれ $4.57×10^{-3}$(mol/l) および $2.51×10^{-10}$ (mol/l) である．いま pK_i を $-\log K_i$ と定義すれば pK_1＝2.34, pK_2＝9.60 である．

(1) 一般的に，次の式で表される弱酸 HA の電離平衡に

ついて考えよう．

HA ⟶ H⁺ + A⁻

この場合の電離定数を K_a とし，上記と同様に pK_a を $-\log K_a$ と定義するとき，pH を，HA の濃度 [HA]，A⁻ の濃度 [A⁻] および pK_a とを用いて表現せよ．式の誘導過程も記せ．

(2) pH2.34 および pH9.60 の溶液中では，それぞれグリシンは主にどのような形で存在しているか．構造式で示せ．

(3) 0.200mol/l グリシン溶液 50.0ml に 0.200mol/l 塩酸溶液 10.0ml を加え，さらに蒸留水を加えて全量 100ml の緩衝液を調製した．調整された緩衝液の pH を計算し，有効数字 2 桁で答えよ．なお，計算過程も記せ．

(慶應大 医)

(解答・解説)

(1) $K_a = \dfrac{[H^+][A^-]}{[HA]}$

∴ $[H^+] = \dfrac{K_a[HA]}{[A^-]}$

この両辺で逆対数をとって，

$pH = pK_a + \log\dfrac{[A^-]}{[HA]}$

(2) pH=2.34 は酸性です．つまり液相に H⁺ がうじゃうじゃいるので

H₃⁺N—CH₂—C—OH
         ‖
         O

⇌ H₃⁺N—CH₂—C—O⁻
           ‖
           O

pH=9.60 は塩基性なのでさっきとは逆に H⁺ が渇望されています．

H₃⁺N—CH₂—C—O⁻
         ‖
         O

$$\rightleftharpoons H_2N-CH_2-\underset{O}{\overset{\|}{C}}-O^-$$

(3) (1)より

$$pH = pK_a + \log\frac{[H_3^+N\text{-}CH_2COO^-]}{[H_3^+N\text{-}CH_2COOH]}$$

$$= 2.34 + \log\frac{0.200\times(50.0-10.0)/1000\times1000/100}{0.200\times10.0/1000\times1000/100}$$

$$= 2.94 \fallingdotseq 2.9 \qquad ■$$

♣♠◇♡ *Advanced Study* ♡◇♠♣

グリシンの電離を

$$G^+ \rightleftharpoons G \rightleftharpoons G^-$$

と表すことにして

($pK_1 < pK_2$ だから2段階の電離をしているグリシンは微量です) ここに, H^+ が入ってきたというのが本問ですネ. 通常グリシンは双性イオン (G) をとっていて, (もちろん溶液 pH にもよりますが…) H^+ の入ってきた影響を無くす方向へ (G^+ 側) へ平衡が移動します.

	G +	+ H$^+$	$\rightleftharpoons$ G$^+$
反応前	100 mmol	2 mmol	0
量	$-a$	$-a$	$+a$
平衡時	$10-a$	$2-a$	a

よって

$$K_a = \frac{(10-a)/100 \cdot (2-a)/100}{a/100} = 4.57 \times 10^{-3}$$

この2次式をまじめにとくと $a = 1.9$

つまり入ってきた H^+ はほとんど全て打ち消されることになります.

(*Advanced Study* 終わり)

(∗)
(2) はヘンな問題です．"主に"といわれても解答は 2 つ答えなきゃいけないです．

9.1 酸化と還元

　酸化とは文字通り，「酸素化」されることで逆に酸素を奪われると還元です．水素が…，電子が…という定義もあるのですが，酸化数が増えたら酸化，減ったら還元と一括して覚えましょう．それでは酸化数について見ていきましょう．酸化数とはこれまた名前の通り酸化の度合いを表す指標で，以下の rule で決められます．

- 化合物全体で 0
  ex. $H_2SO_4 = 0$
  当然単体中の原子は 0 となります．
  ex. H_2 の H は 0
- H は $+1$，O は -2
- イオンは価数と同じ
  ex. $Cr_2O_7^{-2}$ の Cr は $2x + 7(-2) = -2$ より $x = +6$

これが基本の rule で最後の例に欲しい（注目している）イオン等については計算で求めていくことになります．ただ，物事には例外がつき物で NaOH の H は -1（Na^+ が優先），H_2O_2 の O は -1（H が優先）は覚えておかなければなりません．
ちょっと戻ると，水素がある物質がもらうと（酸化数は，$+1$ のものがやってきて，でも全体で 0 だから）自分の酸化数は減ってしまいます．だからこの場合，還元された，ということになりま

す．電子が…の…に入る言葉をみなさんで埋めてみて下さい．
酸化数に注目すると，反応が酸化還元反応なのかそうでないのかが判断できることになります．
(†) 余談ですが，私はよく化学反応を酸化還元反応とイオンの交換反応の2つに大別して説明します．酸化還元反応ももちろんイオンの交換なのですが後に述べるようにその実態は電子 e^- のやり取りなのでイオンの交換と考えると混乱してしまうからです．それに対し，酸と塩基の反応は例えば，

$$NaOH + HCl \longrightarrow NaCl + H_2O$$

となっていますし，

$$Ag_2SO_4 + 2HCl \longrightarrow 2AgCl + H_2SO_4$$

なる反応は沈殿反応ですがこれもイオンの交換です．
相手を酸化する物質を**酸化剤**（自分は還元される），逆に，相手を還元する物質を**還元剤**（自分は酸化される）といい，ある程度，物質を見てその物質が酸化剤なのか還元剤なのか区別できる様にしなくてはいけません．そして，その物質が相手を酸化（または還元）した後どの様に形を変えるかも覚える必要があります．ここが化学のツライところです．ミクロでみれば反応は物理学的なのですが，現象論的に結果をおさえておかないと太刀打ちできません．次の表にまとめた物質は最低限覚えてください．

9.2 酸化剤

$$Cr_2O_7^{2-} \longrightarrow 2Cr^{3+}$$
$$MnO_4^- \longrightarrow Mn^{2+} \text{ or } MnO_2$$
$$H_2SO_4(熱濃硫酸) \longrightarrow SO_2$$

HNO_3(濃硝酸) $\longrightarrow$ NO_2

HNO_3(希硝酸) $\longrightarrow$ NO

SO_2 $\longrightarrow$ S

H_2O_2 $\longrightarrow$ H_2O

O_3 $\longrightarrow$ O_2

Cl_2(ハロゲン) $\longrightarrow$ $2Cl^-$

9.3 還元剤

H_2S $\longrightarrow$ S

$(COOH)_2$ $\longrightarrow$ $2CO_2$

$2S_2O_3^{2-}$ $\longrightarrow$ $S_4O_6^{2-}$

Sn^{2+} $\longrightarrow$ Sn^{4+}

Fe^{2+} $\longrightarrow$ Fe^{3+}

H_2O_2 $\longrightarrow$ O_2

SO_2 $\longrightarrow$ SO_4^{2-}

$2I^-$(ハロゲン) $\longrightarrow$ I_2

次にこれらの物質の変化を表す**半反応式**について見ていく必要があります.(各物質について半反応式が作れますが"覚える"必要はありません.作り方だけ理解するようにしてください.)酸化剤から例をとって半反応式を作ってみます.

例 $MnO_4^- \longrightarrow Mn^{2+}$

(1) 酸化数の変化を数える.

$$\underset{+7}{MnO_4^-} \longrightarrow \underset{2+}{Mn^{2+}} : +7 \longrightarrow +2$$

(2) その分電子 e^- を足し引きする.

$$\text{MnO}_4^- + 5e^- \longrightarrow \text{Mn}^{2+}$$

(3) 左右でO，Hの数をH$_2$Oを作ることで整える．

$$\text{MnO}_4^- + 5e^- \longrightarrow 8\text{H}^+ \longrightarrow \text{Mn}^{2+} + 4\text{H}_2\text{O}$$

以上で完成です．この作り方は守るべきですが，実は大抵の場合(1),(2)は省略できることが多いです．左右のOは4コなので4H$_2$Oを作ります．だからH$^+$は8コ．

$$\text{MnO}_4^- + 8\text{H}^+ \longrightarrow \text{Mn}^{2+} + 4\text{H}_2\text{O}$$

最後に左右で電荷をそろえて，

$$\text{MnO}_4^- + 8\text{H}^+ + 5e^- \longrightarrow \text{Mn}^{2+} + 4\text{H}_2\text{O}$$

―― 例題 9-2 ――

ニクロム酸カリウムは有機化合物の酸化によく用いられる酸化剤である．このニクロム酸カリウムを用いて水の化学的酸素要求量（COD）を測定する方法がある．CODは水の汚染度を示すもので，一定の条件下で水 1l の酸化される物質（有機化合物など）により消費される酸化剤の量を，それに対応する酸素の質量に換算し，mg/l で表す．

次の問いに答えよ．もし必要なら原子量として次の値を用いよ：H, 1.00；C, 12.0；O, 16.0；K, 39.1；Cr, 52.0．

1．酸化剤と還元剤をそれぞれ電子の授受で定義するとどうなるか．簡潔に述べよ．

2．酸性におけるニクロム酸カリウムの酸化剤としての働きを電子 e$^-$ を含む反応式で表せ．

3．水のCODを測定するために次の操作を行った．

試料水 V ml をフラスコに取り，これに 4.20×10^{-3} mol/l のニクロム酸カリウム水溶液 10.0ml と硫酸銀－硫

酸溶液30mlおよび硫酸水銀(II)0.4gを加えて2時間加熱した．冷却後蒸留水でうすめ，2.52×10^{-2} mol/l の硫酸アンモニウム鉄(II)[Fe(NH$_4$)$_2$(SO$_4$)$_2$]水溶液で滴定して残っているニクロム酸カリウムの量を調べた．滴定の終点までに a ml の硫酸アンモニウム鉄(II)溶液を要した．使用した蒸留水，硫酸銀，硫酸，硫酸水銀(II)はいずれもニクロム酸カリウムにより酸化される不純物を含まないものとする．硫酸銀は塩化物イオンを除去するため，硫酸水銀(II)は酸化反応を促進するために加える．

(1) 滴定のときおこるニクロム酸イオンと鉄(II)イオンとの反応をイオン反応式で示せ．

(2) 試料水 V ml 中の物質を酸化するのに消費されたニクロム酸カリウムは何 mol か．a を含む式で表せ．

(3) 消費されたニクロム酸カリウムの量は，酸化剤として何 mol の酸素分子に対応するか．a を含む式で表せ．

(4) この試料水のCOD(mg/l)を，a，V を含む式で表せ．

(慶應大 医)

(解答・解説)

1．酸化剤とは電子を受け取る物質　還元剤は電子を与える物質

2．前述の rule に従ってやってみると，

酸化数は $2x+7(-2)=-2$

∴ $x=+6\longrightarrow+3$ なので，

$Cr_2O_7^{2-}+6e^-\longrightarrow2Cr^{3+}$

Oの数を H_2O で整えると

$Cr_2O_7^{2-}+6e^-+14H^+$
　　　　　$\longrightarrow2Cr^{3+}+7H_2O$

3．

(1) $Fe^{2+}\longrightarrow Fe^{3+}+e^-$

9.3 還元剤

……×6

これに，2.を足して e^- を消せば，

$Cr_2O_7^{2-} + 14H^+ + 6Fe^{2+}$
$\longrightarrow 2Cr^{3+} + 6Fe^{3+} + 7H_2O$

(2) 硫酸アンモニウム鉄(II)溶液で滴定された試料と反応せず残っていたニクロム酸カリウムの物質量は，(1)の式から

$1 : 6$
$= x : 4.20 \times 10^{-3} \times \dfrac{a}{1000}$

∴ $x = 4.20a \times 10^{-6}$ mol

始め $4.20 \times 10^{-3} \times \dfrac{10.0}{1000}$ mol だけあったから，

$4.20(10.0-a) \times 10^{-6}$ mol

(3) $O_2 + 4e^- \longrightarrow 2O^{2-}$ なので，

ニクロム酸カリウム：酸素
$= 4 : 6$
$= 4.20(10.0-a) \times 10^{-6} : y$

∴ $y = 6.30(10.0-a) \times 10^{-6}$ mol

(4) O_2 の分子量は32.0だから 32.0×10^3 mg/mol

(3)より，試料 V (ml) を酸化するのに必要な酸素の質量は

$32.0 \times 10^3 \times 6.30(10.0-a) \times 10^{-6}$
$\fallingdotseq 2.02(10.0-a) \times 10^{-1}$

よって，試料1l 当たりにすれば

$COD = \dfrac{2.02}{V}(10.0-a) \times 10^2$ (mg/l) ■

── 今回のまとめ・覚えるべきこと ──

- 酸化数が増えたら酸化，減ったら還元
- 酸化剤，還元剤の表
- 半反応式の作り方

第10講　電池と電気分解

前回，酸化還元反応を学びましたが，酸化還元を応用したのが電池であり，電気分解です．順に見ていきます．
物理を学習した方には当然のことでしょうが，確認しておくと，電池は + から - へ電流が流れ，電流の向きと電子の流れは逆（-⟶+），
図にすると，

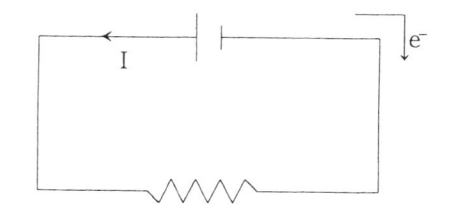

〜図1〜
この図は覚えてください．

10.1 イオン化傾向

金属によって"イオンになりやすさ"の序列が決まっていて，これをイオン化傾向といいます．

貸(か) そうかな ま あ あ て に すん な ひ ど すぎ (ぎ)る しゃ(白) きん
K > Na > Mg > Al > Zn > Fe > Ni > Sn > Pb > H > Cu > Hg > Ag > Pt > Au

周期表から原子の大きさと原子番号（＝陽子数＝電子数）がわかるので，電子を取り去るのに必要な力が分かります（クーロンの法則）からある程度イオン化傾向がわかりますが，上の順序は有名なゴロ合わせで覚えてください．

なぜイオン化傾向が必要かというと電池の**正極**（＋）と**負極**（－）が決まるからです．例えば，ZnとFeを極板にとるとすると，Zn＞Feだから，Znの方がイオンになりやすい．つまり，Zn⟶$Zn^{2+}+2e^-$となりやすい．言い換えると，Znはe^-を出しやすい＝負極（－）になる，というワケです．図1を覚えておけば正負極の判別がカンタンでしょう．

有名な電池4〜5コを理解しておけば十分です．

a．ボルタ Volta 電池

ZuとCuを極板に，H_2SO_4を使って作ります．歴史的に一番最初に考案された電池です（1799年）．

(－)Zn｜H_2SO_4 aq｜Cu(＋)

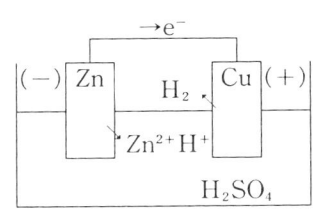

イオン化傾向はZn＞CuなのでZnが負極です．また，H＞Cuなので正極はCuですが実際に反応するのは溶液中のHということになります．

(－)：Zn⟶$Zn^{2+}+2e^-$

(＋)：$2H^+ + 2e^- \longrightarrow 2H^+$

水素が発生し、極板に泡がくっついてしまい反応がスグに起こらなくなります。(**分極**)

b. ダニエル Daniel 電池

ボルタの電池を改善したものがダニエル電池です (1836年)。

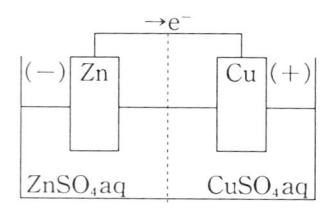

```
         →e⁻
(−)[Zn]      [Cu](+)
ZnSO₄aq   CuSO₄aq
```

(−)Zn|ZnSO₄ aq|CuSO₄aq|Cu(+)

今度は正極の Cu も反応します。正極と負極の間を素焼き板で区切ります。ここを Zn^{2+} と SO_4^{2-} が通るわけです。素焼き板を用いずに溶液を完全に区切り、KNO_3 を固めた**塩橋**を用いて両液をつなぐ場合もあります。

c. 鉛蓄電池

a、b で見てきた電池はどちらも使い捨て (**一次電池**) ですが、この鉛蓄電池は繰り返し使える**二次電池**です。自転車の battery 等に用いられ、放電と充電を繰り返しているワケです。

(−)Pb|H₂SO₄ aq|Pb₂(+)

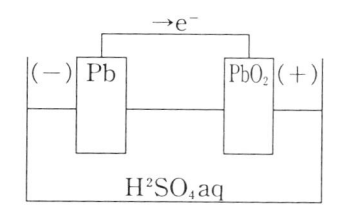

負極での反応は

$$Pb + SO_4^{2-} \longrightarrow PbSO_4 + 2e^-$$

正極は

$$PbO_2 + 4H^+ + SO_4^{2+} + 2e^- \longrightarrow PbSO_4 + 2H_2O$$

```
         →e⁻
(−)[Pb]      [PbO₂](+)
    H²SO₄aq
```

これら2式を足せば

$Pb + PbO_2 + 2H_2SO_4 \rightleftharpoons 2PbSO_4 + 2H_2O$

$\longrightarrow$ を放電, $\longleftarrow$ を充電といいます．

d．マンガン電池

実際よく目にするのはこの電池ですネ．アルカリ乾電池というのもよく見ると思いますが，基本的には成分は同じで，各メーカーが企業秘密（!?）でいろいろな工夫を凝らし，電池の寿命を競っています．

$(-)Zn|NH_4Cl\,aq|Mn_2O,\ C(+)$

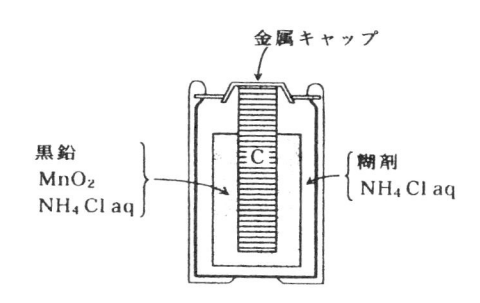

（図：マンガン電池の構造　金属キャップ／黒鉛 MnO_2 $NH_4Cl\,aq$ ／糊剤 $NH_4Cl\,aq$）

e．その他の電池

携帯電話や Walkman® の充電池にはニッケル（Ni）充電地が用いられています．また，最近，政府に試験導入された燃料電池車で有名になった燃料電池はハヤリものでしょうか．

例題10-1

水が生成する化学反応はいろいろある．たとえば，気体の水素と酸素を反応させると水ができる．$2H_2 + O_2 \longrightarrow 2H_2O$
この反応で液体の水ができるとき，水素1molあたり25℃, 1atm で286kJ発熱する．この熱はロケットの推進力などと

して利用されている．この反応は酸化還元反応であるから，別々に反応させると電池をつくることができる．水酸化カリウムの水溶液を容器に入れ，イオンを通す膜で隔てて2室で分け，それぞれに白金などの適当な電極をいれる．一方に水素を吹き込むと負極となり，酸化がおきる．水素は次のように反応して水を発生する．

$$\boxed{A}$$

酸素を吹き込む側は正極となり，1molの酸素が還元され2molの水と次のように反応する．

$$\boxed{B}$$

この電池は燃料電池と呼ばれ，水素と酸素を供給し続ければ電気を発生し続けるので，スペースシャトルなどで利用されている．

酸化銅(II)と水素を高温で反応させると水が生じる．その化学反応式は，

$$\boxed{C}$$

である．硫化水素の水溶液に二酸化硫黄を吹き込むと，反応して水ができる．その化学反応式は，

$$\boxed{D}$$

である．さらに，塩化アンモニウムと水酸化カルシウムの反応でも，次の化学反応にしたがって水ができる．

$$\boxed{E}$$

(1) 文中の空欄A，Bにあてはまる，電子を含む化学反応式を書け．

(2) 文中に示した燃料電池の効率が100%であるとしたと

き，10.0Aの電流を24.0時間発生し続けるのに必要な水素の質量を求めよ．計算過程も示し，有効数字2桁で答えよ．
(3) 文中の空欄C〜Eの3つの反応のうち，酸化還元反応でないものはどれか．化学反応式の記号C〜Eで答えよ．
(4) メタンの25℃，1atmでの燃焼熱は890kJ/molである．この熱化学方程式を書け．
(5) 水素と酸素の燃焼で890kJの熱を発生させるのに必要な水素と酸素の質量の合計は，メタンと酸素の燃焼で同じ熱を発生させるのに必要なメタンと酸素の質量の合計の何％か．計算過程も示し，有効数字2桁で答えよ．

(埼玉大)

(解答・解説)
(1) A：$H_2 \longrightarrow 2H^+ + 2e^-$
水を発生するとのことだからOH^-を加えて
$H_2 + 2OH^- \longrightarrow 2H_2O + 2e^-$
B：$O_2 + 2H_2O + 4e^- \longrightarrow 4OH^-$
(2) $10.0 \times 24 \times 60 \times 60 = 8.64 \times 10^5 C$
の電気量を発生させるわけで，<u>電子1molのもつ電気量＝$9.65 \times 10^4 C$</u>
(これをファラデーFaraday定数といいます)だから，
$8.64 \times 10^5 / 9.65 \times 10^4 = 8.95$ mol
(1)よりH_2 1molが反応すると，2molのe^-が発生するから
$H_2 : e^- = 1 : 2 = \dfrac{w}{2.0} : 8.95$
∴ $w = 8.95 \fallingdotseq 9.0$ g
(3) C：$CuO + H_2 \longrightarrow Cu + H_2O$
D：$H_2S \longrightarrow S + 2H^+ + 2e^-$
$SO_2 + 4H^+ + 4e^- \longrightarrow S + 2H_2O$

前式を2倍して足せば
$2H_2S + SO_2 \longrightarrow 3S + 2H_2O$
E：$2NH_4Cl + Ca(OH)_2$
$\longrightarrow CaCl_2 + 2NH_3 + 2H_2O$

(4) 明らかにEは中和反応です．（明らかでない人は酸化数をcheckしてみて下さい）

(5) $CH_4 + 2O_2 = CO_2 + 2H_2O + 890kJ$

(6) 水素1molが反応すると286kJ発熱するので
$2H_2 + O_2 = 2H_2O + 572kJ$

よって，
$890/572 \times (2 \times 2.0 + 32.0$
$= 56.0g$ の H_2 と O_2 が必要．
(5)より，メタンと O_2 を反応させて890kJを得る場合には，
$16.0 + 2 \times 32.0 = 80.0g$

必要だから，$56.0/80.0 = 70\%$

10.2 電気分解

電池のエネルギーを使って普段は起こらない反応をムリヤリ起こして水溶液等を分解することを電気分解といいます．電池の正極につながれた側を**陽極**，負極側を**陰極**といいます．電子は電池の負極から出ていくので，陰極に電子が流れ込むというのはOKですネ．電気分解では**陽極泥**という言葉だけ覚えておけば大丈夫です．陽極泥とは，金属の精錬（つまり，純度の低い電極を電気分解を利用して，純度を上げる）の際に，混入していた金属が陽極の下に"ゴミ"としてたまりますが，この"ゴミ"のことをいいます．どうしてこの言葉だけ覚えておけばいいかというと，陽極は溶けるということがわかるからです．つまり，陽極は e^- を出すと．（電池からの電子の流れを考えれば当然ですですが…）例題10-1中でも出て来ましたが，電子1molの電気量は96500C

10.2 電気分解

と決まっていて、これをファラデー Faraday 定数といいます。ミリカン Millikan の油滴実験と合わせて、電気素量を決定したことで有名です。

― 例題10-2 ―

2.00 mol/l の硫酸銅(II)水溶液 100 ml 中に白金電極 I および白金電極 II をそれぞれが接触しないように浸して、次の［実験1］および［実験2］を行った。

実験1 白金電極 I を陽極とし、白金電極 II を陰極として、電流 5.00 A で 32分10秒間電気分解した。

実験2 ［実験1］の電気分解の後に、電流の向きが逆になるように電圧をかけて電気分解した。

(1) ［実験1］において、白金電極 I および白金電極 II では、それぞれどのような変化が観察されるか示せ。

(2) (1)で示した変化が生じるとき、白金電極 I および白金電極 II でおこるそれぞれの化学反応の反応式を示せ。

(3) (2)で示した化学反応式に示された原子、分子、およびイオンについて、構成する元素の酸化数をすべて示せ。

(4) ［実験1］において、陽極や陰極で生成する物質の物質量［mol］および質量［g］を求めよ。

(5) ［実験2］で電流の向きを逆にして電気分解した直後には、白金電極 I および白金電極 II では、それぞれどのような変化が観察されるか示せ。

(6) (5)で示した変化が生じるとき、白金電極 I および白金電極 II で起こるそれぞれの化学反応の反応式を示せ。

(7) 白金は金属であるが、金属が電気を伝えやすい理由を

〔解答・解説〕

(1) 「陽極は溶ける」といいましたが、白金は普通溶けないので、代わりに溶液が"溶ける"(＝電子を出す)

Ⅰ (陽極)：
$$4OH^- \longrightarrow O_2 + 2H_2O + 4e^-$$

Ⅱ (陰極)：
$$Cu^{2+} + 2e^- \longrightarrow Cu$$

以上から、

Ⅰ：気泡が電極の表面から発生する

Ⅱ：電極に銅が析出する

(2) Ⅰ (陽極)：
$$4OH^- \longrightarrow O_2 + 2H_2O + 4e^-$$

Ⅱ (陰極)：
$$Cu^{2+} + 2e^- \longrightarrow Cu$$

(3) Cu：0, O_2：0, H_2O：H $\cdots +1$, O $\cdots -2$, Cu^{2+}：+2, OH^-：O $\cdots -2$, H $\cdots +1$

(4) 電子は

$5.00 \times (32 \times 60 + 10)/96500 =$

0.100 mol 流れたので、電極Ⅰでは、

$0.100 \times \dfrac{1}{4} = 0.625$

∴ $32 \times 0.025 = 0.8$ g

電極Ⅱでは、

$0.100 \times \dfrac{1}{2} = 0.0500$

∴ $63.5 \times 0.0500 = 3.175$ g

(5) 今度は「陽極が溶ける」です。

Ⅱ：$Cu \longrightarrow Cu^{2+} + 2e^-$

Ⅰ：$Cu^{2+} + 2e^- \longrightarrow Cu$

よって、

Ⅰ：電極に銅が析出する

Ⅱ：電極に付着していた銅が溶け出す

(6) Ⅱ：$Cu \longrightarrow Cu^{2+} + 2e^-$

Ⅰ：$Cu^{2+} + 2e^- \longrightarrow Cu$

(7) 金属内には移動できる自由電子があるから。

次回からは各論に入ります。

10.2 電気分解

---- 今回のまとめ・覚えるべきこと ----

- イオン化傾向
- 各種の電池
- "陽極泥"（⟶ 陽極は溶ける）

第II部　各論(1)有機化学

় # 第11講　有機化学(1)
——総論と炭化水素

　有機化合物と聞くと，何を思い浮かべるでしょう．"生体由来"というイメージを持っている人が多いのではないでしょうか．

　確かに生体由来の物資の多くは有機化合物で，1828年にウェラーが，シアン酸アンモニウム NH_4OCN という無機化合物から尿素 $(NH_2)_2CO$（尿中に含まれる"有機化合物"）を合成して，それまでの有機化合物の概念に変化をもたらしました．

　現在では多くの薬が合成されていることからも想像できるように，有機化合物は合成可能です．そこで，たいていの炭素化合物を有機化合物と呼んでいます．炭素は原子価（＝手の数）が4つあるため様々な元素と結合でき，どんどんと種類を増やしていくことができます．ここに生命の多様性を隙間見ることができますネ．

11.1　官能基

　有機化合物はいくつかの原子が集まって，**基**を形成し，化合物の性質を規定する場合，これを**官能基**といい重要です．有機化合物は，**炭素骨格**（炭素の並び方，水素を従えているので炭化水素基ともいいます）に官能基が結合したものと考えて分類されます．

　　　　　　水酸基　　　　　　—OH

エーテル結合　　　R_1-O-R_2

アルデヒド基　　　$-\underset{\underset{O}{\|}}{C}-H$

カルボニル基　　　$-\underset{\underset{O}{\|}}{C}-$

エステル結合　　　$-\underset{\underset{O}{\|}}{C}-O-$

アミノ基　　　　　$-NH_2$
ニトロ基　　　　　$-NO_2$
アゾ基　　　　　　$-N=N-$
スルホ基　　　　　$-SO_3H$

11.2　飽和と不飽和

　炭素原子間が単結合（手を1本ずつ出し合ってくっついている）だけで構成されている化合物を**飽和**，二重結合や三重結合を含む化合物を**不飽和**といいます．5月号でsp2混成軌道の話をしましたが，二重結合はまさにsp2混成軌道です．

11.3　異性体

　有機化合物の特徴に，分子式，構造式が同じでも性質が異なるということがあり，このことも多様性を生むのに一役かっています．単結合の場合，炭素が"手"を平等に出しているので正四面体構造をとります．

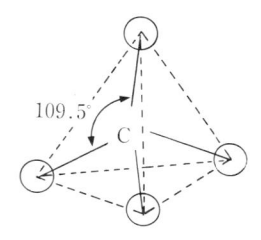

二重結合の場合は正三角形に，三重結合の場合は直線状になります．

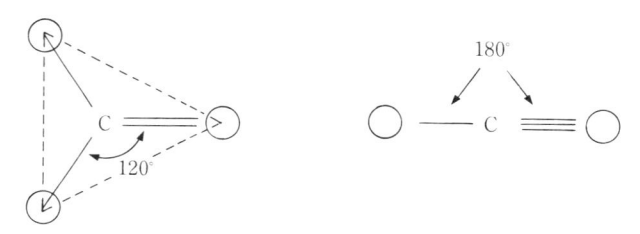

こうした結合をいくつも連ねてできる有機化合物には当然"カタチ"の異なるものが登場してもオカシクないですよネ．
例えば，$C_4H_{10}O$ という分子式を持った化合物には炭素骨格の違いや官能基の違いから（これを互いに"構造異性体"といいます）

$CH_3-CH_2-CH_2-CH_2-OH$, $CH_3-CH_2-C^*H-OH$,
$\qquad\qquad\qquad\qquad\qquad\qquad\quad |$
$\qquad\qquad\qquad\qquad\qquad\qquad\;\;CH_3$

$CH_3-CH-CH_2-OH$,
$\qquad\quad |$
$\qquad CH_3$

$\qquad\qquad CH_3$
$\qquad\qquad\;\; |$
$\quad CH_3-C-OH$
$\qquad\qquad\;\; |$
$\qquad\qquad CH_3$

$CH_3-CH_2-CH_2-O-CH_3$, $CH_3-CH_2-O-CH_2-CH_3$,

```
CH₃—CH—O—CH₃
    |
    CH₃
```

という7種類が考えられます．さらに＊をつけたものにはその立体構造を考えると

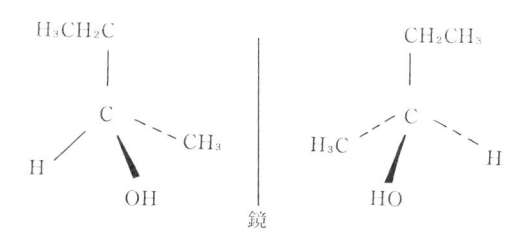

```
      H₃CH₂C                    CH₂CH₃
        |                          |
        C                          C
      ╱ ╲╲                       ╱╱ ╲
     H   ＼CH₃          H₃C─    ／    H
         OH                    HO
                    鏡
```

の2patternがあることに気付きます．これらは回転させても一致せず，ちょうど鏡に映った関係（よく，右手と左手の関係ともいわれます）で**鏡像体**といわれ，**光学異性体**といいます．光学異性体は物理的性質（融点，沸点など）は同じですが，施光性とよばれる性質だけが異なります．施光性は特に生体では重要で，'01年にノーベル賞を受賞した野依博士はこの光学異性体の一方を選択的に合成する方法を開発したとされています．薬剤等の開

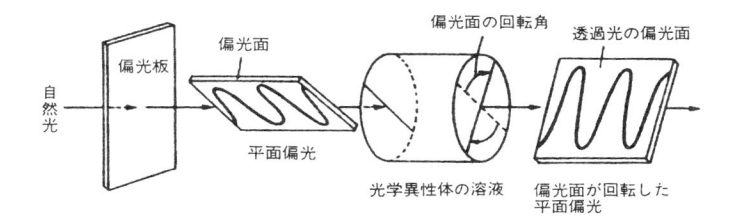

発に非常に大きく貢献しています．

異性体にはさらに**幾何異性体**というものも存在します．例えば二重結合を有した次の物質は二重結合が炭素原子間の自由回転を束縛しているため，

$$\text{H} \diagdown \text{C}=\text{C} \diagup \text{H} \qquad \text{H} \diagdown \text{C}=\text{C} \diagup \text{Br}$$
$$\text{Br} \diagup \qquad \diagdown \text{Br} \qquad \text{Br} \diagup \qquad \diagdown \text{H}$$

の2種類が区別されることになります．注目している原子（団）が立体的に同じ側にいる場合（上左図）を**シス cis** 形，反対側にいる場合（上右図）を**トランス trans** 形といいます．幾何異性体は一般に"別"の物質として認知されます．つまり，沸点，融点が異なるのです．

11.4 炭化水素

まずは炭素骨格の"カン"をつかむ意味で，鎖式構造をしたものを考えていきます．
Cは手が4本なので，C1コではHは最大で4つ，Cが2コなら，CとCの間に手を1つずつ使っているからHは最大で6コ．このように考えていくと n コのCならHは最大で $2n+2$

$$\text{C}_n\text{H}_{2n+2}$$

これを**アルカン alkane** といいます．
炭素数 n のギリシャ語に対応させて名前がついていますが，1〜4までは慣用的に用いられている名前が一般的です．

炭素数	数詞	名称	
1	mono	メタン	methane

2	di	エタン	ethane
3	tri	プロパン	propane
4	tetra	ブタン	butane
5	penta	ペンタン	pentane
6	hexa	ヘキサン	hexane
7	hepta	ヘプタン	heptane
8	octa	オクタン	octane
9	nona	ノナン	nonane
10	deca	デカン	decane

(＊) 環状構造をとったアルカンをシクロアルカン cyclo-alkane といいます。例えば，シクロヘキサンといった具合です。

♣♠◇♡ *Advanced Study* ♡◇♠♣

$n=20$ の炭化水素 $C_{20}H_{42}$ はエイコサン eicosane といいます。人間が痛みを感じるのはCが20個連なった脂肪酸（アラキドン酸）から PGE，PGI_2 というエイコサノイド eicosanoids と呼ばれるホルモン様物質がでて，これがわるさをする為です。バファリン® などの頭痛薬はアラキドン酸から PGE_2 を作る酵素（COX）を阻害するので頭痛がおさまる，というワケです。ところが，PGE_2，PGI_2 は胃の粘膜を守る作用もあるので，バファリンを飲むとこれができず，頭痛はおさまるけど，胃は痛くなるということになります。　　　　　　　(*Advanced Study* 終わり)

有機化合物の反応の一つに**置換反応**という反応があります。その名の通り，"置き換わる"反応で，例えばメタン CH_4 に光を照射しながら塩素を作用させると，

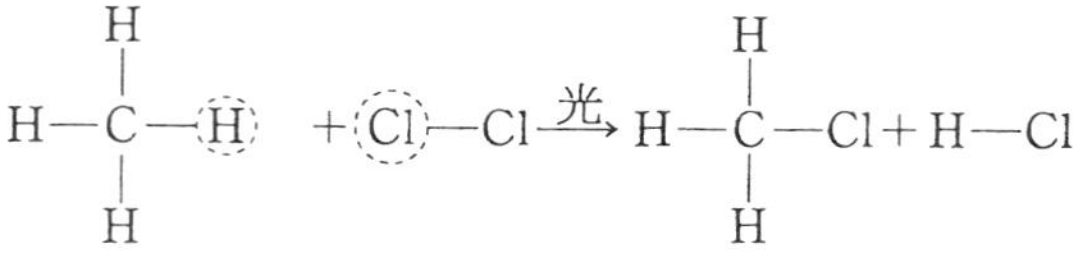

$$H-\underset{\underset{H}{|}}{\overset{\overset{H}{|}}{C}}-{\overset{\frown}{H}} + {\overset{\frown}{Cl}}-Cl \xrightarrow{光} H-\underset{\underset{H}{|}}{\overset{\overset{H}{|}}{C}}-Cl + H-Cl$$

と置き換わります．これをくり返しおこなうと

$$CH_4 \longrightarrow CH_3Cl \longrightarrow CH_2Cl_2 \longrightarrow CHCl_3 \longrightarrow CCl_4$$

となります．$CHCl_3$ はクロロホルムといわれ，よくテレビドラマ etc で目にしますネ．麻酔薬です．置換反応の"きっかけ"は電気的に物質が近づいた時です．（上図のHとClが）（これを求核/求電子置換反応といいます．）

炭素間に二重結合を1つ持つ"アルカン"を**アルケン alkene**といいます．（当然 $n≥2$ です）

$$C_nH_{2n}$$

二重結合は手を2本ずつ出し合って結合しているわけですが実際は1本手をしっかり握って（σ結合），もう1本は比較的弱く握っています．（π結合）したがって，アルケンは反応性に富み，π結合に他の原子が割り込んできたり，（付加反応）します．構造中に2重結合や3重結合をもたない物質を**飽和**，持つ物質を**不飽和**と表現します．

例．

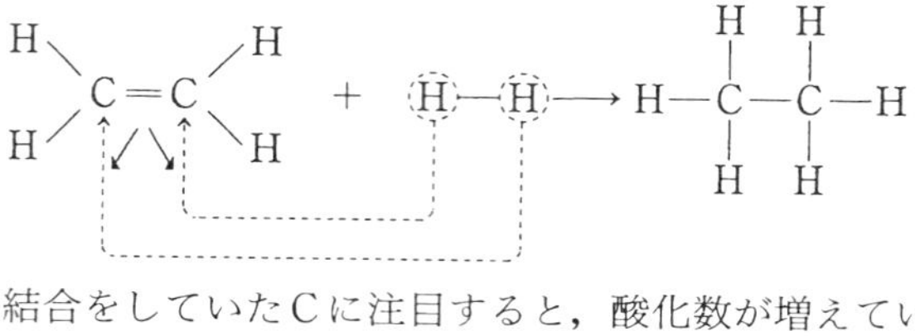

$$\underset{H}{\overset{H}{\diagdown}}C=C\underset{H}{\overset{H}{\diagup}} + {\overset{\frown}{H}}-{\overset{\frown}{H}} \longrightarrow H-\underset{\underset{H}{|}}{\overset{\overset{H}{|}}{C}}-\underset{\underset{H}{|}}{\overset{\overset{H}{|}}{C}}-H$$

二重結合をしていたCに注目すると，酸化数が増えているので，

π結合が酸化されたワケです。そこで，強い酸化剤（KMnO₄など）を作用させると，C＝Cが切れて，C＝Oをもつカルボニル化合物（ケトンやアルデヒド）が2つ生じます．

$$\begin{matrix}R_1\\R_2\end{matrix}\!\!>\!\!C\!=\!C\!<\!\!\begin{matrix}R_3\\H\end{matrix}\xrightarrow{O_3}\begin{matrix}R_1\\R_2\end{matrix}\!\!>\!\!C=O+O=C\!<\!\!\begin{matrix}R_3\\H\end{matrix}$$
（ケトン）　　（アルデヒド）

化合物の二重結合の有無を見るのにこれらの反応を応用します．例えば，臭素 Br_2 を付加させれば，臭素の赤紫色が消えるので二重結合（三重結合でもよい）が発見できます．

♣♠◇♡ *Advanced Study* ♡◇♠♣

生体内では二重結合は"切る"ことはできても，合成することはほとんどできません．何回か後に取り上げることになる脂肪酸には生体内で合成できないので食餌でとるべき（＝必須）脂肪酸があります．リノール酸，リノレン酸，オレイン酸がそうです．これらは前出のアラキドン酸から種々のホルモンの生合成に用いられます．
(*Advanced Study* 終わり)

炭素間に三重結合を1コ持つものを今度は**アルキン alkyne**といいます．大学受験で扱われるのは実際には炭素数2のアセチレンくらいなので，ある程度詳しくやる必要があります．アセチレンはカルシウムカーバイド CaC_2 と水の反応で生成します．

$$CaC_2 + H_2O \longrightarrow Ca(OH)_2 + CH\equiv CH$$

これは憶えておく必要があります．また三重結合は1つのσ結

合と2つの π 結合から作られているのでアルケンと同様に反応性に富み，付加反応を起こします．

$$\require{mhchem}$$

$$CH\equiv CH \xrightarrow{HCl} CH_2=CHCl \text{（塩化ビニル）}$$

$$\xrightarrow{HCN} CH_2=CHCN \text{（アクリルニトリル）}$$

$$CH\equiv CH \xrightarrow{H_2O} {}^*CH_3-CHO \text{（アセトアルデヒド）}$$

$$\xrightarrow{CH_3COOH} CH_2=CH-OCOCH_3 \text{（酢酸ビニル）}$$

$$\xrightarrow{CH_3CH} CH_2=CH-C\equiv CH \text{（ビニルアセチレン）}$$

*は少し例外で，この二重結合に水酸基をもつ物質をエノール enol といって不安定なので転移して，アセトアルデヒドに変わります．

例題11-1

次の文章を読み問いに答えよ．天然ガスの主成分であるメタンはアルカンの一種で，常温常圧では気体である．メタン分子は無極性で，有機溶媒には溶けるが水にはほとんど溶けない．実験室では酢酸ナトリウムと水酸化ナトリウムの混合物を加熱してメタンを発生させる．

ₐ工業的にはメタンを熱分解してアセチレンを製造することができる．アセチレンは付加反応を起こしやすく，塩化水素，ハロゲン，酢酸など様々な化合物が付加する．アセチレンを硫化水素(II)を含む希硫酸中に通じると，水が付加した生成物を生じるが，これは不安定ですぐにより安定な化合物に変わる．ᵦ

(1) (a) メタンの立体構造を図示せよ．

(b) メタンが平面構造をとると仮定すると，ジクロロメタンに異性体が存在しないことと矛盾する．どのような矛盾があるか，構造を図示して説明せよ．
(c) メタン分子が無極性である理由を分子構造と関連づけて簡潔に説明せよ．
(2) (a) 下線部aについて，起こる反応を化学反応式で表せ．
(b) 0.500gの酢酸ナトリウムと0.5gの水酸化ナトリウムの混合物を加熱し，発生したメタンを水上置換で捕集した．酢酸ナトリウムがすべて反応したとき，捕集した気体の量は1.00atm，27℃で145mlであった．計算量の何％のメタンが捕集されたか．計算過程を簡潔に示して答えよ．なお，27℃における水蒸気圧は3.60^{-2}atmとする．
(3) メタンは空気中で点火すると燃焼して多量の熱を発生する．下に示した結合エネルギーのうち必要な値を用いて，メタン100gが完全燃焼したときの発熱量を計算せよ．なお，反応に関係する物質はすべて気体状態にあるとする．
結合エネルギー (kJ/mol)：H—H, 436；H—O：463, C—H, 413；O—O, 139；O＝O, 490；C—O, 352；C＝O, 804；C—C, 348；C＝C, 607.
(4) 下線部bに記した2段階の反応を化学反応式で表せ．
(5) メタンとアセチレンにそれぞれ空気中で点火すると，それらの燃え方にどのような差異が観察されるか．差異を生じる理由を付して答えよ．

(慶應大 医)

(解答・解説)

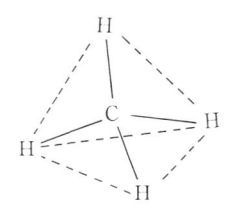

(1)
(a) メタンの正四面体構造図(中心にC、頂点にH4つ)

(b) メタンが平面，正方形構造をとるとするとジクロロメタンに次の2通りが存在することになる．

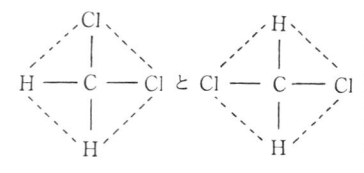

Cl-C(H,H)-Cl と Cl-C(H,Cl)-H の平面正方形構造図

(c) 分子構造が対称的な正四面体構造なので極性が打ち消され，分子全体では無極性分子となる．

(2)
(a) $CH_3COONa + NaOH \longrightarrow CH_4 + Na_2CO_3$

(b) CH_3COONa の分子量は82です．

理論上，$\dfrac{0.500}{82}$ mol のメタンが得られ，実験で得られた量は，気体の状態方程式より，

$$\dfrac{(1.00 - 3.60 \times 10^2)}{0.082 \cdot (27 + 273)} = 5.68 \times 10^{-3} \text{mol}$$

$\therefore \dfrac{5.68 \times 10^{-3}}{0.500/82} = 93.19\% \fallingdotseq 93.2\%$

(3) 化学反応式は

$CH_4 + 2O_2 \longrightarrow CO_2 + 2H_2O$

だから，エネルギー図は下記のようになる．

```
            C+4H+4O
        ┌─────────────┐
        │   CH_4+2O_2  │ C—H×4 + O=O×2
        │             │
C=O×2+(H—O×2)×2       │
        │  CO_2+2H_2O  │
```

よって，燃焼熱 (kJ/mol) は

$804 \times 2 + 463 \times 4 - (413 \times 4 + 490 \times 2) = 828$

CH_4 100g は $\dfrac{100}{16}$ mol だから，

$828 \times \dfrac{100}{16} = 5175$

$5.18 \times 10^3 \text{kJ}$

(4) $\text{CH} \equiv \text{CH} + \text{H}_2\text{O}$

$\longrightarrow \text{CH}_2 = \underset{\underset{\text{OH}}{|}}{\text{CH}}$

$\longrightarrow \text{CH}_3 - \underset{\underset{\text{O}}{\parallel}}{\text{C}} - \text{H}$

(5) 観察される事象を答えよという問題なので…

メタンに比べてアセチレンは1分子中に炭素を多く含むので,燃焼した際,すすを多く発生する. ■

---- 今回のまとめ・覚えるべきこと ----

- 構造異性体,幾何異性体,光学異性体
- 炭化水素の名前(特に慣用的に用いられる $n=1〜4$)
- アルカン,アルケン(2重結合が1つ),アルキン(3重結合が1つ)

第12講　有機化学(2)
——脂肪酸化合物　アルコール

　前回炭化水素を中心に学習しましたが，少し"毛"を生やしたものを学んでいきましょう．

12.1　アルコール alchol

　アルコールと聞くとすぐに"お酒"と連想する人，ちょっと病気です．ウコンを飲んでください．というのは冗談で，一般にアルコールというと —OH 基を持つもののことをいいます．（後々に学びますがベンゼン環というものに直接ついた（正しくは置換）場合はこれをアルコールとは呼ばずフェノール phenol といいます）
—OH 基を2つ持つものをジオール di-ol，3つ持つものをトリオール tri-ol といいます．名前は幹となる炭化水素の語尾をオールに変えれば OK です．例えば，いわゆるお酒に含まれているエタノール ethanol（←—— エタン ethane）といった具合です．
—OH 基は既に学んだように，電気陰性度の違いから O 側がわずかに負に荷電（δ^-），H 側がわずかに正に荷電（δ^+）しているため多くのイオン等がここを攻撃してきます．また，明らかなことでしょうが水と親和性が高いです．
ではアルコールは水に溶けやすいかというとそれは少し早合点で

す．―OH 基のところだけでみれば確かにそうかも知れませんが，母となっている炭化水素は基本的に疎水性ですから，Cの数が多いアルコール（＝高級アルコール）では逆に疎水的となるワケです．

アルコールには ―OH 基がついたCにいくつの炭化水素基が付いているかでも分類します．下の表を見てください．

第一級　　R―CH$_2$―OH

第二級　　R―CH―OH
　　　　　　　|
　　　　　　　R′

第三級　　R―C―OH
　　　　　　|
　　　　　　R″
　　　　　（上にR′）

　　　（R＝アルキル基）

(†)
高級アルコールといっても勿論値段の問題ではありません．ちなみに焼酎には甲類と乙類とがあって，甲類は醸造用アルコールで，要するに工業的に合成したもの（原料は石油がほとんどです），乙類は原料に穀物を用いたものをいいます．穀物ということはでんぷん（これも後々詳しく取り上げます）を含んでいれば何でもよく，最近は実に多様な焼酎が売っています．

アルコールは一般にアルケンに水を付加させて作られています．（リン酸を触媒にして水蒸気を付加させる．）

例：$CH_2=CH_2+H_2O \longrightarrow CH_3CH_2$―OH

みなさんはあまり経験が無いと思いますが（受験生ですものね），

ワインを開けて長いこと放っておくと酢になってしまう（ワインビネガーです）ことがあります．これはアルコールが酸化されたためです．アルコールの酸化には種類によって出来上がるものが違います．

第一級：R—CH$_2$—OH ⟶ R—C=O ⟶ R—C=O
　　　　　　　　　　　　　　｜　　　　　　｜
　　　　　　　　　　　　　　H　　　　　　OH
　　　　　　　　　　　　（アルデヒド）　（カルボン酸）

第二級：R—CH—OH ⟶ R—C=O
　　　　　｜　　　　　　　｜
　　　　　R′　　　　　　　R′
　　　　　　　　　　　（ケトン）

第三級アルコールは酸化されにくい．

これを考えるとワインがお酢になってしまうというのはワインの中のエタノールが，

CH$_3$CH$_2$—OH ⟶ CH$_3$CHO ⟶ CH$_3$COOH という反応を経ていることが理解されます．

また，アルコールを熱すると

$$R-\underset{H}{\overset{H}{C}}-\underset{OH}{\overset{H}{C}}-H \longrightarrow R-CH=CH_2 \quad H_2O$$

となってアルケンになります．これを分子内脱水といいます．分子から水を"強引"に取り去るので，結構"ムリ"な条件を用意する必要があります．160〜170℃という高温下で濃硫酸を触媒に用います．

一方，分子間という脱水もありえます．

R—O—H + H—O—R ⟶ R—O—R + H_2O とエーテルが出来る反応です．これは加熱の温度が"不十分"だと，つまり130〜140℃程度で熱すると**縮合**して，エーテルになるのです．

いくつか有名なアルコールを見ておきましょう．

メタノール methanol　CH_3OH

別名メチルアルコールで，飲むと"目散る"，つまり失明するといわれています．第一級アルコールですから加熱（＝酸化）すると，

CH_3OH ⟶ HCHO ⟶ HCOOH となります．このホルムアルデヒド formaldehyde はシックハウス症候群 Sick House Syndrome の原因物質とされています．また，いわゆるホルマリン formalin はホルムアルデヒドの水溶液で，色々なものの固定に用いられています．

エタノール ethanol　CH_3CH_2OH

先程述べた様にエチレンに水を付加して作られる（甲類ですネ）．他，グルコース glucose（つまり穀物）に酵母を加えて**発酵**させても作られます（こちらが乙類です）．

医学ではエタノールは大変重要で，飲料として飲むとなると，安全域が非常に狭くすぐ中毒に陥る（4月や12月などの"飲み会シーズン"には救急車が活躍せざるを得ないわけです．）

注射の前にはアルコールでその箇所を殺菌します．小・中学校で使ったアルコールランプにはエタノールが入ったのを記憶している人も多いでしょう．

♣♠◇♡ *Advanced Study* ♡◇♠♣

　お酒に強い弱いはアセトアルデヒド脱水素酵素（ALDH）a2という酵素のexon（DNA上で重要なinformationを持つ部分，mRNAというものに"転写"される）の12番目の一部のある核酸がGかAかによって決められているそうです．この様にたった1つの核酸の違いによって引き起こされる体質などの違いを（酒に強いか弱いか等を<u>一塩基多型SNPs　single nucleotide polymorphism</u>といって，1つのSNPでいろいろな病気が引き起こされるというよりは複数のSNPsで例えば，糖尿病などの生活習慣病などが引き起こされるのではないかといわれています．東大医科学研究所の中村祐輔教授らのグループはこのSNPsのdatabaseを作り，この薬は私にはよく効く，あなたには副作用が多く好ましくないといったオーダーメイドorder made医療に役立てようという研究をしています．

（*Advanced Study* 終わり）

エチレングリコール ethylen glycol　HOCH₂CH₂OH

　ジオールの代表としてです．ポリエステル繊維の原料として用いられたり，融点が低い（－12.6℃）ので，不凍液として用いられます．示性式からわかるように，水によく溶けます．

グリセリン glycerin

　こちらはトリオールの代表です．

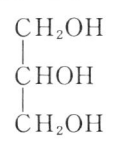

$$\begin{array}{c} CH_2OH \\ | \\ CHOH \\ | \\ CH_2OH \end{array}$$

12.1 アルコール alchol

アルコールであることを名前に反映してグリセロール glycerol と呼ばれることも多いです．
NO_2 を導入したニトログリセリン nitroglycerin はダイナマイトの原料ですし，狭心症の発作の治療薬にも用いられています．

アルコールの中で $CH_3-\underset{\underset{OH}{|}}{CH}-R$ という構造を持つものは，I_2（ヨウ素）のようにハロゲン X を作用させると CHX_3 を生じます．
ヨウ素を作用させた時は特にヨードホルム iodohorm 反応といいます．CHI_3 は黄色沈殿なので，とあるアルコールにヨウ素を反応させ，黄色い沈殿が生じたら，そのアルコールには $CH_3-\underset{\underset{OH}{|}}{CH}-R$ という構造が含まれていることが分かります．
この構造以外にも $CH_3-\underset{\underset{O}{\|}}{C}-R$ でもヨードホルム反応陽性を示します．

---- 例題12-1 ----

次の文章を読んで，問1〜問5に答えよ．解答はそれぞれ所定の解答欄に記入せよ．

分子式 C_5H_{10} の鎖状炭化水素には，5個の構造異性体が存在する．これらをA，B，C，D，Eと名付ける．さらに，Aには2個の立体異性体A1とA2がある．これらの立体異性体は ア 異性体という．

Aに水素を付加させて得られた炭化水素Fは，Bに水素を付加させて得られたものと同一である．

また，Cに水を付加させたところ，2種類の1価アルコールGとHを生成した．GとHをそれぞれ酸化剤である二クロム酸カリウムの希釈水溶液にいれて温めると，Gは酸化されなかったが，Hからは中性の化合物Jが得られた．化合物Jに，水酸化ナトリウム水溶液とヨウ素を加えると，特有の臭いのする黄色結晶が生成する①ことが確認された．この反応は イ 反応と呼ばれる．

一方，同じ分子式 C_5H_{10} の環状炭化水素には ウ 個の構造異性体が存在する．さらに，その中で1,2-ジメチルシクロプロパンには立体異性体がある②．

問1　A1とA2について，記入例1にならって構造式を記入せよ．

記入例1：

$$H_3C\diagdown C=C \diagup COOH \atop H_3C\diagup \qquad \diagdown CH_2-CH_2-\overset{O}{\underset{\|}{C}}-O-\bigcirc$$

問2　化合物B，G，Jの構造式を，問1の記入例1にならって記入せよ．

問3　 ア ～ ウ に適切な語句あるいは数値を記入せよ．

問4　下線部①の反応はJのような化合物の確認に用いられる．この反応は下記の反応式で表される． 1 と 2 に適切な構造式を記入せよ．

$$J + 4NaOH + 3I_2 \longrightarrow \boxed{1} + \boxed{2} + 3NaI + 3H_2O$$

問5　下線部②のすべての立体異性体について，立体配置が分かるように，記入例2にならって構造式を記入せよ。

記入例2：

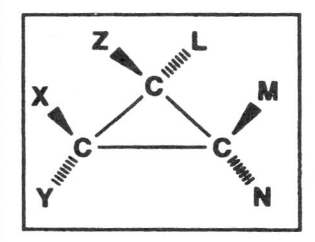

炭素原子を紙面上に置いたとき，
——— は，紙面上にある結合を示す。また，
◀━━ は，紙面の表側に出ている結合を，
||||||||| は，紙面の裏側に出ている結合を示す。
L, M, N, X, Y, Zは原子または原子団である。

(京都大)

(解答・解説)

問1　炭素骨格だけ考えると

C—C—C—C＝C,

C—C—C＝C—C

C＝C—C—C,
　　|
　　C

C—C＝C—C
　　|
　　C

C—C—C＝C
　　|
　　C

これで立体異性体があるのは

C—C—C＝C—C

$$\begin{matrix} CH_3 \\ H \end{matrix} C=C \begin{matrix} CH_2-CH_3 \\ H \end{matrix},$$

$$\begin{matrix} CH_3 \\ H \end{matrix} C=C \begin{matrix} H \\ CH_2-CH_3 \end{matrix}$$

問2　Bの炭素骨格とAの炭素骨格は二重結合の位置の違いだけで同じようなカタチだから

B：$CH_3—CH_2—CH=CH_2$

残ったものにH_2Oを付加すると，

144　第12講　有機化学(2)——脂肪酸化合物 アルコール

$$\begin{array}{c}\text{OH}\\\text{C}-\overset{|}{\underset{|}{\text{C}}}-\text{C}-\text{C},\\\text{C}\end{array}$$

$$\begin{array}{c}\text{OH}\\\text{C}-\overset{|}{\underset{|}{\text{C}}}-\text{C}-\text{C},\\\text{C}\end{array}$$

$$\begin{array}{c}\text{OH}\\\text{C}-\text{C}-\text{C}-\overset{|}{\underset{|}{\text{C}}},\\\text{O}\end{array}$$

$$\begin{array}{c}\text{OH}\\\overset{|}{\text{C}}-\underset{|}{\text{C}}-\text{C}-\text{C},\\\text{C}\end{array}$$

$$\begin{array}{c}\text{OH}\\\text{C}-\underset{|}{\text{C}}-\overset{|}{\text{C}}-\text{C},\\\text{C}\end{array}$$

$$\begin{array}{c}\text{OH}\\\text{C}-\underset{|}{\text{C}}-\overset{|}{\text{C}}-\text{C}\\\text{C}\end{array}$$

が生成．
Gは酸化されないアルコールだから第三級アルコールなので，Cは
$C-C=C-C$

Gは
$$\begin{array}{c}\text{OH}\\\text{CH}_3-\overset{|}{\underset{|}{\text{C}}}-\text{CH}_2-\text{CH}_3\\\text{CH}_3\end{array}$$

Hは
$$\begin{array}{c}\text{CH}_3-\text{CH}-\text{CH}-\text{CH}_3\\|\quad\;\;|\\\text{CH}_3\;\;\text{OH}\end{array}$$

これを酸化すると，
$$\text{J}:\begin{array}{c}\text{CH}_3-\text{CH}-\text{C}-\text{CH}_3\\|\quad\;\;\|\\\text{CH}_3\;\;\text{O}\end{array}$$

問3　ア：幾何　イ：ヨードホルム　ウ：5

問4　$\text{J}+4\text{NaOH}+3\text{I}_2\longrightarrow$

$$\begin{array}{cc}&\text{I}\\&|\\\text{CH}_3-\text{CH}-\text{C}-\text{ONa}+\text{H}-\text{C}-\text{I}\\|&|\\\text{CH}_3&\text{I}\end{array}$$

問5

12.1 アルコール alchol　145

　アルコールを2つ低温（130〜140℃）で結合させるとエーテル ether が生じます．
アルコールでは —OH 基間で水素結合が存在しますから，沸点・融点は高いですが，エーテルではこれが失われますから沸点・融点は低くなります．
いわゆるエーテルというとジエチルエーテル diethylethel のことをいうことが多いです．各論を一通りやった後総合問題をやりますが，その際エーテル抽出という作業が登場しますがそのエーテルはこのジエチルエーテルです．
エーテルは150年以上前から麻酔に用いられ（1846年 Morton（米）），現在でもその構造は多くの麻酔薬中に見られます．例えば，現在吸入麻酔薬の主役である，セボフルラン Sevoflurane, イソフルラン Isoflurane の構造は以下のようでエーテル結合が見られますネ．

$$\begin{array}{c}CF_3H\quad\quad F\\|\quad\quad |\\F-C-C-O-C-H\\|\quad\quad |\\CF_3Cl\quad\quad F\end{array}\qquad\begin{array}{c}F\quad H\quad\quad H\\|\quad |\quad\quad |\\F-C-C-O-C-F\\|\quad |\quad\quad |\\F\quad Cl\quad\quad H\end{array}$$

　　　　Sevo flurane　　　　　　　Iso flurane

アルコールを酸化すると，第一級アルコールの場合アルデヒドが，第二級アルコールの場合はケトンが生じます．もう一度確認して下さい．
代表的なアルデヒドはメタンを酸化して生じるホルムアルデヒド，エタノールを酸化して出来るアセトアルデヒド acetoaldehyde といったところです．これらは，さらに酸化するとカルボン酸

carboxylic acid に変化します．アルデヒドは酸化されるということは相手を還元するわけで**還元性をもつ**といわれ，次の2つの反応を大変よく利用し重要です．

R—CHO + 2[Ag(NH$_3$)$_2$]$^+$ + 3OH$^-$
　　　　　　　　　⟶ R—COO$^-$ + 2H$_2$O + 4NH$_3$ + 2Ag

これを銀が析出するので，**銀鏡反応**といいます．

また，

R—CHO + 2Cu^{2+} + 5OH$^-$ ⟶ R—COO$^+$3H$_2$O + Cu$_2$O というCu^{2+}の青色からCu$^+$の赤色の沈殿が生じる反応を**フェーリングFehling液の還元**といいます．フェーリング液とは硫酸銅(II)水溶液と酒石酸塩を含むNaOH溶液のことです．これら2つの反応はアルデヒド基の検出に用います．ケトンについてはアセトンacetone CH$_3$COCH$_3$を知っておけば十分で，アルコール（2-プロパノール）の酸化，または，(CH$_3$COO)$_2$Ca ⟶ CaCO$_3$ + CH$_3$COCH$_3$という熱分解（**乾留**）でも作れます．

ちなみに，アセトンはヨードホルム反応陽性ですネ．

　ちなみに，アセトンは糖尿病 diabetes mellitus が進んで，ケトアシドーシスという病態になると，呼気中に検出できることでも知られます．

今回のまとめ・覚えるべきこと

- アルコールの酸化
- ヨードホルム反応
- 銀鏡反応，フェーリング液の還元

〈参考文献〉

マクマリー有機化学概説第4版（東京化学同人）

Goodman & Gilman's 薬理書第10版（広川書店）

第13講 有機化学(3)
——カルボン酸・エステル・油脂・石鹸

今回は盛り沢山ですが，重要な point だけかいつまんで学んで下さい．この theme は生体に応用が多いので，生命科学系の学部などでよく出題されます．また，最近は学部に関係なく生命科学系の単位を修得することが義務付けられていることが多くなっているため，工学部などでも出題頻度が up しています．

13.1 カルボン酸 carboxylic acid

分子内に —C—OH を含むものを**カルボン酸**といいます．
名は体を現すので，カルボン酸は（弱）酸で，アルコールと同様に分子内の —COOH の個数によって，モノ mono，ジ di…などと呼ばれます．また炭素原子間に単結合のみのもの（＝飽和）と，二重結合，三重結合を含むもの（＝不飽和）とに分類します．

  HCOOH   ギ（蟻）酸 formic acid
  CH_3COOH 酢酸 acetic acid
  CH_3CH_2COOH プロピオン酸 propionic acid

などが代表的な（飽和）モノカルボン酸です．一般に鎖式モノカルボン酸のことを**脂肪酸**といいます．食品に含まれているいわゆる"脂肪"はこれを含んでいます．（後述）
代表的なジカルボン酸は

(COOH)$_2$	シュウ酸 oxalic acid
HOOC—CH$_2$—COOH	マロン酸 malonic acid
HOOC—CH$_2$—CH$_2$—COOH	コハク酸 succinic acid

$$\underset{\text{HOOC}}{\text{H}}\!\!\diagdown\!\!\text{C}=\text{C}\!\!\diagup\!\!\underset{\text{COOH}}{\text{H}} \qquad \text{マレイン酸 maleic acid}$$

$$\underset{\text{HOOC}}{\text{H}}\!\!\diagdown\!\!\text{C}=\text{C}\!\!\diagup\!\!\underset{\text{H}}{\text{COOH}} \qquad \text{フマル酸 fumaric acid}$$

などです．人は食事を摂ってそれを代謝しているわけですが，その過程で，TCA cycle と呼ばれる回路を回ってエネルギーを作っています．その途中に上に挙げたジカルボン酸のうち，コハク酸，フマル酸が関わってきます．

食事といえば，最近やたらとアミノ酸 amino acid が宣伝されていますが，アミノ酸も一種のカルボン酸です．カルボン酸のうち分子内に —NH$_2$（アミノ基）を含むものをアミノ酸といいます．アミノ酸については（注目度も上がってきていることですし）回を改めて解説します．

$$\text{H}_2\text{N}-\underset{\underset{\text{R}}{|}}{\text{CH}}-\text{COOH}$$

アルコールの時にやったように，第一級アルコールを酸化すればカルボン酸が作れます．カルボキシル基 —COOH 中には —OH が含まれていますので，水素結合をしますから比較的沸点・融点は高いです．分子内で水素結合同士が引きあって**会合**します．この為，見かけの分子量が約 2 倍になることがあります．

$$\text{R-C} \underset{\text{OH} \cdots\cdots \text{O}}{\overset{\text{O} \cdots\cdots \text{HO}}{\diagup\!\!\diagdown}} \text{C-R}'$$

（…水素結合）また，低級（Cの数が少ない）カルボン酸は水に溶けますが，高級になるともはや溶けなくなるのはアルコールと同様です．カルボン酸は弱酸だと述べましたが，弱酸の代表といえば炭酸ですが，カルボン酸は炭酸よりは強いので，例えば酢酸と炭酸水素ナトリウムとの反応は

$$CH_3COOH + NaHCO_3 \longrightarrow CH_3COONa + H_2O + CO_2$$

となり CO_2 が泡として観察できます．これは —COOH 基の検出反応として利用されてます．（弱酸追い出し反応などといったカンジでしょうか．弱いものいじめです．）

13.2 エステル esther

受験では主にカルボン酸とアルコールを縮合させたものが出題されますが，一般に，酸とアルコールから水がとれたものを**エステル esther** といいます．取り敢えずカルボン酸のエステルを見ていくことにします．

$$\text{R-C}\!-\!\boxed{\text{OH} + \text{H}}\!-\!\text{O-R}' \rightarrow \text{R-C-O-R}' + H_2O$$
$$\overset{\|}{\text{O}} \hspace{5em} \overset{\|}{\text{O}}$$

となって，アルコール側のOとHの結合が切れて，エステル結合を作ることが放射性同位体 radio isotope（^{18}O）を用いた実験で知られています．他の製法としては，酸の無水物とアルコールを反応させたり，不飽和炭化水素に酸を付加したりです．

エステルは低級のものは臭いを持つものが多く，ジュースなどの

香料に用いられますし，高級のものは後に述べる油脂・ろうとして天然に存在します．また，エステルではアルコール，カルボン酸中の水素結合が消失してしまっているので水には溶けにくく，多くは固体です．

---- 例題13-1 ----

次の文を読んで，問1～問4に答えよ．解答はそれぞれ所定の解答欄に記入せよ．ただし，水素は理想気体であり，気体定数は$0.082 \text{atm} \cdot l/(\text{mol} \cdot K)$，原子量はH=1.0，C=12.0，O=16.0，Na=23.0とする．

炭素，水素，酸素のみからなり，同じ組成式をもつ分子量200以下のエステルA，Bがある．A，Bはいずれも分子中に一つの炭素—炭素二重結合をもち，環状構造はもたない．Aの28.5mgを完全燃焼させると，二酸化炭素66.0mgと水22.5mgが発生した．Aを加水分解すると，カルボン酸Cとアルコール D が得られた．B を加水分解すると，カルボン酸 E とアルコール F が得られた．化合物 C～F それぞれの水溶液に臭素水を加えると，D，E の水溶液のみ臭素水の赤褐色が消えた．D を酸化すると E が，F を酸化すると C が得られた．D は水素の付加により A に変化した．

問1 (1) 化合物Aの組成式を記せ．
　　 (2) 化合物Aの分子式を記せ．
問2　化合物Dの水溶液に臭素水を加えると，Dの分子中の ア に対する臭素の イ 反応が起こる．
　　 ア ， イ に適切な語句を入れよ．

152　第13講　有機化学(3)——カルボン酸・エステル・油脂・石鹸

問3　化合物A，Bの構造式を記入例にならって記せ．

構造式の記入例：

◯−C−O−CH₂−CH=CH₂
　　‖
　　O

問4　化合物Cと化合物Eの混合物がある．この混合物8.0gをとりNi触媒を用いて炭素-炭素二重結合への水素の付加を行ったところ，温度25.0℃，圧力1気圧の条件で1.59 l の水素が反応した．

(1) この混合物8.0g中に含まれる化合物Eの量は何gか．有効数字2けたで答えよ．

(2) この混合物8.0gを中和するのに要するNaOHの量は何gか．有効数字2けたで答えよ．　　　（京都大）

（解答・解説）

問1

(1) 質量分析の結果は，

C：$66.0 \times \dfrac{12}{44} = 18.0$ mg,

H：$22.5 \times \dfrac{2}{18} = 2.5$ mg,

O：$28.5 - (18.0 + 2.5)$
　　$= 8.0$ mg

なので，

C：H：O
$= \dfrac{18.0}{12.0} : \dfrac{2.5}{1.0} : \dfrac{8.0}{16}$
$= 3 : 5 : 1$

よって，組成式は
C_3H_5O

(2) 分子式は $(C_3H_5O)_n$ と書け，Aはエステルだから O は2個以上で，分子量200以下，DとE，FとC，FとDも炭素数は同じだから，Aの炭素数は偶数なので，$n=2$

分子式は $C_6H_{10}O_2$

問2　ア：炭素−炭素二重結合，

13.2 エステル esther

イ：付加

問3　A＋H₂O ⟶ C＋D,
B＋H₂O ⟶ E＋F
D ⟶ (O)E, F ⟶ (O)C
D, FからE, Cのカルボン酸ができるから, 第1級のアルコールで, DとE, FとC, FとDも炭素数は同じだから, ともに炭素数＝3で, Dには1コの二重結合があるので, Dの示性式はC₃H₅OH, よって, Eは
C₂H₃COOH,
D：CH₂＝CH—CH₂—OH
E：CH₂＝CH—COOH
FはC₃H₇OH,
CはC₂H₅COOH
F：CH₃—CH₂—CH₂—OH
C：CH₃—CH₂—OH
A：CH₂＝CH—CH₂—
　　　　O—C—CH₂—CH₃
　　　　‖
　　　　O

B：CH₃—CH₂—CH₂—
　　　　O—C—CH＝CH₂
　　　　‖
　　　　O

問4

(1) 1molのEに対し1molのH₂が付加する. 付加したH₂は状態方程式より
1・1.59
＝n・0.082・(273＋25)
⟹ n＝0.0650mol
Eの分子量は72だから
∴ 72×0.0650＝4.68
≒4.7g

(2) Cは
8.0－4.68＝3.32
∴ 3.32/75＝0.0442mol
1molのC, Eに対して1molのNaOHが中和反応に必要だから
(0.0442＋0.0650)
×40＝4.37≒4.4g ■

酸にカルボン酸以外の酸を用いた例は生体内でよく見られ, リン酸によるエステルを作ることで（リン酸と糖中のOH基), エ

ネルギーを産生したり，色々な細胞内 signal（例えば，細胞分裂を開始するような"きっかけ"）に用いられるので，大変重要です．

13.3 油脂

高級脂肪酸とグリセリン（＝グリセロール）とのエステルを一般に**油脂**といいます．前回やったようにグリセロールは3価のアルコールなので，グリセロール1個に対して個の脂肪酸がくっついているわけです．

$$\begin{array}{l} CH_2-O-H \\ CH-O-H \\ CH_2-O-H \end{array} + \begin{array}{l} HO-CO-R \\ HO-CO-R' \\ HO-CO-R'' \end{array} \rightleftharpoons \begin{array}{l} CH_2-O-CO-R \\ CH-O-CO-R' \\ CH_2-O-CO-R'' \end{array} + 3H_2O$$

（トリグリセリド/トリアシルグリセロール TAG）

この油脂を構成する高級脂肪酸には，健康食品などでよく耳にするようなものも多く含まれていると思います．

飽和　　$C_{11}H_{23}COOH$　　ラウリン酸
　　　　$C_{15}H_{31}COOH$　　パルミチン酸
　　　　$C_{17}H_{35}COOH$　　ステアリン酸
不飽和　$C_{17}H_{33}COOH$　　オレイン酸
　　　　$C_{17}H_{31}COOH$　　リノール酸
　　　　$C_{17}H_{29}COOH$　　リノレン酸

このうち，リノール酸，リノレン酸と C_{20} のアラキドン酸は必須脂肪酸といって体内で合成できないため，食事として摂取する必要があります．

これらの脂肪酸とグリセロールとのエステルには単一の脂肪酸の

みから構成されるものと，複数の脂肪酸から構成されるものとが考えられることに気付きます．となると必然的に化学異性体の有無に関わってきます．

例．

光学異性体あり
$$\begin{array}{l}CH_2OCOC_{17}H_{35}\\|\\CHOCOC_{15}H_{31}\\|\\CH_2OCOC_{11}H_{23}\end{array}$$

光学異性体なし
$$\begin{array}{l}CH_2OCOC_{17}H_{35}\\|\\CHOCOC_{17}H_{35}\\|\\CH_2OCOC_{17}H_{35}\end{array}$$

ところでマーガリンって古くなると表面のほうが，黄色く固くなってしまいますよね．アレは，二重結合を含む油脂が空気によって酸化され分子間に架橋構造ができるためです．この固化の起こりやすさで油脂は分類され，不飽和度の大きいものから順に，乾性油，半乾性油，不乾性油といいます．ちなみに，油脂は常温（＝一般に25℃）で固体のものを脂肪，液体のものを脂肪油と言っています．（厳密に使い分けているわけではありませんが・）

♣♠◇♡ *Advanced Study* ♡◇♠♣

生物（特にヒト）において"脂肪"といった場合，トリアシルグリセロール TAG triacylgricerol, 脂肪酸 fatty acid（これを特別に遊離脂肪酸 FFA free fatly acidといったりもします）の

他にコレステロール cholesterol も含めます．FFA は TAG になって，コレステロールとともに apoB という肝臓で作られるタンパク質と結合してカイロミクロン chylomicron と呼ばれるものになって血流に運ばれ，その道中，リポタンパクリパーゼ lipoprotein lipase（lipo＝脂肪）という酵素によって大部分の TAG ははずされ，再利用に回されます．残ったカイロミクロンや TAG がはずれたカイロミクロン レムナント chylomicron remnant（remnant＝残ったもの）は肝臓に取り込まれます．また，肝臓で VLDL（very low density lipoprotein）が合成され，カイロミクロンやコレステロールと結合し密度を増し，LDL（low density lipoprotein）となって全身へ特に筋肉でエネルギー源として使われます．やはり健康食品でコレステロールを下げるとうたっているものがありますが，特に LDL は動脈硬化の原因となり心筋梗塞などを引き起こす危険因子になるので，コレステロールを下げると長生きできるというわけです．実際，スタチン類 statins という薬は，生体内でコレステロールの合成の際に必要な HMG-CoA 還元酵素という酵素を阻害することでコレステロールを下げます．この薬を用いた 6 千人規模の臨床試験で死亡率を優位に下げるという結果かコレステロールを下げると長生きできるということを証明しました．(4S：the Scandinevi an Simrestatin Survival Study Lancet 1995；345：1274-1275) みなさんもたまには献血などに行って自分のコレステロールを check し，食生活を省みるのもいいかもしれませんネ!?（健康診断のためだけに検血に行くのはいけません．）

(***Advanced Study*** 終わり)

油脂はKOHなどの塩基で加水分解されますが，1gの油脂を加水分解（これを特にけん化）するのに必要な塩基のmg数をけん化価といいます．特に断りがない時は用いる塩基はKOHのようです．けん化価が分かれば分子量が分かることになります．また，油脂中に二重結合が含まれていれば，ハロゲンを反応させると付加されるはずで，これを利用して油脂中の二重結合の数が求められます．特に，100gの油脂に付加するヨウ素のg数をヨウ素価といいます．簡単に練習しましょう．

---- 例題13-2 ----

1種類の脂肪酸のみで構成される油脂をNaOHを用いてけん化したら，けん化価は135.7であった．またヨウ素価は86であることが他の実験によって分かった．
(1) 油脂の分子量を求めよ．
(2) 油脂1分子に存在する二重結合の数を求めよ．
(3) この油脂の示性式を書け．

（解答・解説）
(1) NaOH＝40で，油脂1molを加え加水分解するのにNaOHは3mol必要だから

$$1:3 = \frac{1}{M} : \frac{135.7 \times 10^{-3}}{40}$$

∴ $M = 120 \times 10^3 / 135.7 = 884$

(2) $I_2 = 254$なので，nコ二重結合があるとすると，I_2はnコつくので，

$$1:n = \frac{100}{M} : \frac{86}{254}$$

∴ $n = 884 \cdot 86 / 254 \cdot 100 = 3$

(3) 高級脂肪酸中に1コ二重結合があることになるので，炭素数が$m+1$だとすると，"飽和"脂肪酸なら$C_mH_{2m+1}COOH$だから二重結合1コなら

$C_mH_{2m-1}COOH$ と書ける．すると，これとグリセリンを結合させ 3 つ H_2O を除くと題意．油脂だから分子量は，

$12(m+1)+2m+2 \cdot 16$
$\qquad +93_3 \times 18 = 884$
$\therefore\ m = 17$
$C_3H_5(OCOC_{17}H_{33})_3$ ■

13.4 セッケン

<u>高級脂肪酸の金属塩</u>を一般に**セッケン**といいます．これは水中で高級脂肪酸のアルキル基が疎水性＝親**油**性であることと，イオン COO^- が親和性なので図の様に汚れ（泥などとイメージして下さい）をセッケンが包みこみ，なおかつ水になじむという性質を示します．この様な親水・油性両方を示すことを両親媒性といい，細胞膜なんかもよい例です．

下の図はコロイドですネ．（ミセルコロイド）

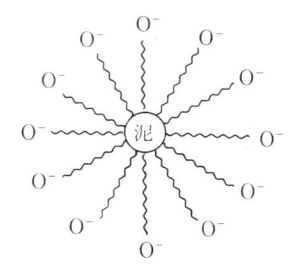

— 今回のまとめ・覚えるべきこと —

- 酸＋アルコール ⟶ エステル
- 高級脂肪酸＋グリセリン（グリセロール）⟶ 油脂
- けん化価，ヨウ素価

第14講　有機化学(4)
——芳香族化合物(1)

　ベンゼン benzene を分子中に含む化合物を一般に芳香族化合物といいます．その名の通り臭いを持つ物質が多いのが特徴です．受験的にはベンゼンからフェノール phenol の合成，カップリングといった keyword がわかれば OK です．

14.1　芳香族炭化水素

　ベンゼン C_6H_6 は電磁気学で有名なファラデー Faraday によって発見されましたが (1825年)，構造の決定にはケクレ Kekulé の登場を待たなければなりません (1865年)．というのも鎖式炭化水素で学んだことを参考にするとCの数に比べてHの数が少ないからです．ケクレは多くの科学者と同様ベンゼンの構造に頭を悩ませていたところ，ある晩ヘビが，自分の尾を食べようとぐるぐる回りはじめ尾をくわえて環状になるという夢を見て構造を思いついたといわれています．

第14講　有機化学(4)——芳香族化合物(1)

ケクレが提唱した上記の構造は単結合を二重結合が交互に存在していますが，X線回折などの結果から実際の結合は1辺が1.40Åの正六角形構造をしていることが分かりました．これは単結合1.54Åと二重結合1.34Åの中間の長さです．このためベンゼンの性質が同じく環状化合物であるシクロアルケンなどと大きく異なってくるのです．

単結合と二重結合の中間の長さを持った結合からなることから(a)の書き方は良くなく，

と書くのがよいのです．

ベンゼンは安定な分子で，付加反応はおこりにくいのですがH原子が置換したりします．ここで気付いて欲しいこととして，2ヶ所以上H原子が置換する場合，3patternの異性体があるということです．

14.1 芳香族炭化水素　161

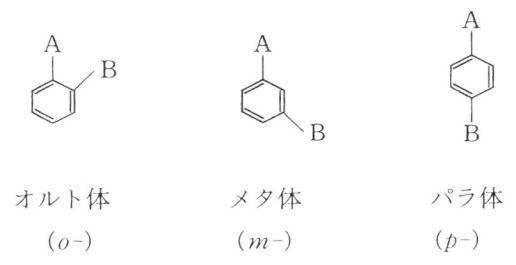

オルト体　　　メタ体　　　パラ体
(*o*-)　　　　(*m*-)　　　(*p*-)

代表的な置換反応には次の様なものがあります．

(1) ハロゲン化

触媒下でハロゲンを作用させます

$$\bigcirc + Cl_2 \longrightarrow \bigcirc\text{-}Cl + HCl$$

(2) スルホン化

濃硫酸と反応し**スルホ基**が導入されます

$$\bigcirc + H_2SO_4 \longrightarrow \bigcirc\text{-}SO_3H + H_2O$$

(3) ニトロ化

触媒として濃硫酸の下濃硝酸と反応させると**ニトロ基**が導入されます

$$\bigcirc + HNO_3 \longrightarrow \bigcirc\text{-}NO_2 + H_2O$$

先程登場した *o*-，*m*-，*p*- の構造のどれをとるか，というのを**配向性**といい，一つ目の置換基の種類によって二つ目の位置が

決められます（実際には，どの位置を好むか）．

オルト・パラ配向
　アルキル基（—R），ハロゲン基（—X），ヒドロキシル基（—OH），アミノ基（—NH$_2$）など

メタ配向
　ニトロ基（—NO$_2$），スルホ基（—SO$_3$H），カルボキシル基（—COOH）など

　ある程度頭に入れておくといいですネ．

それでは代表的な芳香族炭化水素を見ていきましょう．

ベンゼン benzene　C$_6$H$_6$

　すでに歴史的なことを述べたので，簡単に製法を述べる程度にします．

アセチレン3分子の重合で得られるのが代表的ですが，石油からの乾留でも得られます．

$$3CH \equiv CH \longrightarrow C_6H_6$$

カタチから分かる様に当然疎水性です．

トルエン toluene　C$_6$H$_5$—CH$_3$

　シンナーの生成分です．吸引したるすると神経系が抑制され酒に酔ったような感じになります．甘い誘惑に決して負けてはいけません．

ニトロ化されるとTNT（トリニトロトルエン）火薬の原料になります．

$$\text{CH}_3\text{-C}_6\text{H}_5 + 3\text{HNO}_3 \longrightarrow \text{C}_6\text{H}_2(\text{NO}_2)_3\text{CH}_3 + 3\text{H}_2\text{O}$$

キシレン xylene　$C_6H_4(CH_3)_2$

3種類の異性体が存在します．酸化すると…

(o-キシレン　→　フタル酸)，　(p-キシレン)(テレフタル酸)

と名前は違うものの，ジカルボン酸になります．

一般に，芳香族化合物の酸化はベンゼン環に直接ついた炭素原子が酸化されます．

(例)

$$C_6H_5-CH_2CH_2OH \xrightarrow{O_2} C_6H_5-COOH$$

スチレン styrene　$C_6H_5-CH=CH_2$

付加重合させてスチレンゴムが作られます．

$$n\,C_6H_5-CH=CH_2 \longrightarrow \mathrm{[-CH(C_6H_5)-CH_2-]}_n$$

ナフタレン naphthalene　$C_{10}H_8$

ベンゼン環が2コつながった物質で，たんすの防虫剤などとして用いられます．また酸化すると無水フタル酸が得られます．

ナフタレンは発癌性，毒性があります．またグルコース-6-リン酸デヒドロゲナーゼという糖類を代謝する"第二"の経路（ペントースリン酸経路）に存在する酵素を生まれつき欠いている人に対して，溶血性貧血を発症させるとされています．毛糸を食べる虫が嫌うくらいですからネ．

14.2　フェノール類　Phenol

ベンゼン環に直接ヒドロキシル基—OH がついた物質をフェノール類といいます．受験的には 2 種類くらい覚えておけばよいのですが，フェノール phenol の合成方法を 4pattern くらい覚えておかなければなりません．

フェノール phenol　C_6H_5OH

(1) ベンゼン $\xrightarrow[\text{(スルホン化)}]{H_2SO_4}$ ベンゼンスルホン酸 $\xrightarrow[\text{(中和)}]{NaOH}$ ベンゼンスルホン酸ナトリウム $\xrightarrow[\text{(アルカリ融解)}]{NaOH（高温）}$ ナトリウムフェノキシド $\xrightarrow{H^+}$ フェノール

(2) ベンゼン $\xrightarrow[\text{(Fe)}]{Cl_2}$ クロロベンゼン $\xrightarrow[\text{(高温・高圧)}]{NaOH}$ ナトリウムフェノキシド $\xrightarrow{H^+}$ フェノール

(3) クメン法（工業的製法）

$$\text{C}_6\text{H}_6 \xrightarrow{\text{CH}_3-\text{CH}=\text{CH}_2} \underset{(クメン)}{\text{C}_6\text{H}_5-\text{CH}(\text{CH}_3)_2} \xrightarrow{\text{O}_2} \text{C}_6\text{H}_5-\text{C}(\text{CH}_3)_2-\text{O}-\text{OH}$$

$$\xrightarrow{\text{H}^+} \underset{}{\text{C}_6\text{H}_5\text{OH}} + \underset{(アセトン)}{(\text{CH}_3)_2\text{C}=\text{O}}$$

(4) $\text{C}_6\text{H}_5\text{N}_2\text{Cl} \xrightarrow{\text{H}_2\text{O}} \text{C}_6\text{H}_5\text{OH} + \text{N}_2 + \text{HCl}$

(塩化ベンゼンジアゾニウム)

　この方法で用いられた塩化ベンゼンジアゾニウムは**アゾ基** —N＝N— をもち，フェノールと**カップリング coupling** 反応し，染料として用いられる特有の色を持つ物質が得られます．酸塩基の指示薬として使った，フェノールフタレイン溶液もそのひとつです．

フェノール以外のフェノール類としては消毒薬として用いられるクレゾール

（o-クレゾール：2-メチルフェノール）

くらいを知っていればOKです．

フェノールは—OH基があるので水にわずかに溶け（弱）酸性を示します．カルボン酸が炭酸より強い酸であったのに対し，フェノール類は炭酸よりも弱い酸です．酸なので当然塩基と中和反応をします．

また，フェノール類の有名な性質としてFeCl$_3$による呈色反応があります．次のような色を示しますが，覚えておくべきことはFeCl$_3$で色がついたらフェノール類である，ということで十分です．

　フェノール　　　紫
　o-クレゾール　 青
　1-ナフトール　　紫
　2-ナフトール　　緑

他の性質としてはアルコールと同様に金属Naと反応し水素を発生したり，カルボン酸とエステルを作ったりといったところがあります．

そこで，次は芳香族カルボン酸について見ていきましょう．芳香族カルボン酸の性質は脂肪族カルボン酸とよく似ています．なので，早速各論です．

安息香酸　benzoic acid　C$_6$H$_5$—COOH

　トルエンの酸化またはベンジルアルコールC$_6$H$_5$—CH$_2$—OHの酸化で得られます．

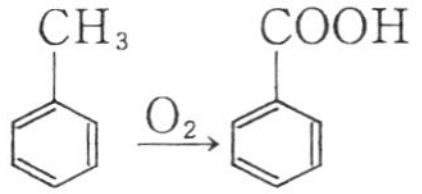

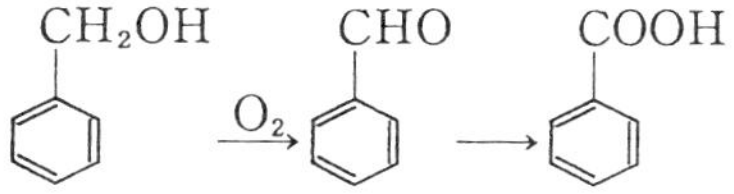

$$\text{CH}_2\text{OH} \xrightarrow{\text{O}_2} \text{CHO} \longrightarrow \text{COOH}$$

既に述べたことですが，カルボン酸は炭酸よりは強い酸です．

フタル酸　phthalic acid

3種類の異性体が存在します．

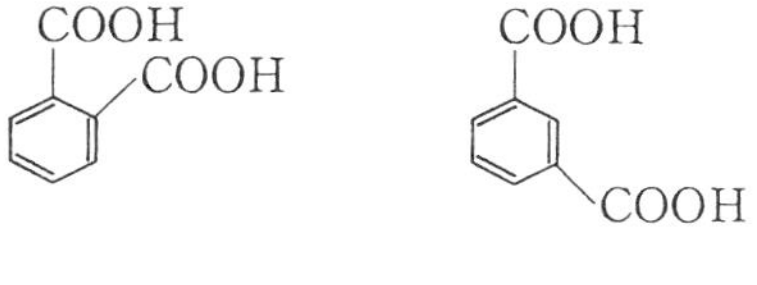

（フタル酸）　　　（イソフタル酸）　　　（テレフタル酸）

イソ iso- というのは同じとか，似たようなという意味です．テレ tele- は teleport や telephone からも想像がつくように離れたという意味なので，p-（パラ）の位置にきていることが納得いくでしょう．

フタル酸を脱水すると

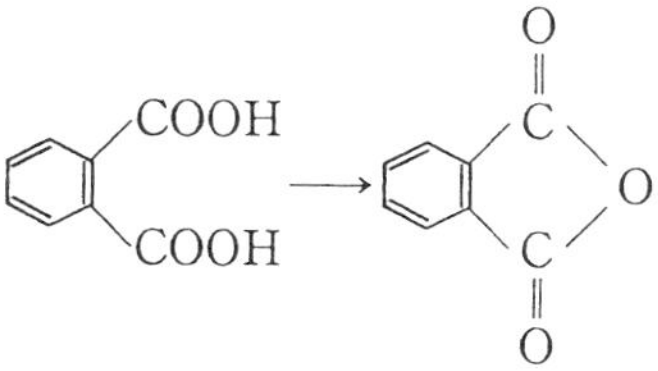

という環状構造（ベンゼン環以外の）を持った無水フタル酸が得られます．

無水フタル酸はナフタレンの酸化でも得られましたネ．

サリチル酸　salicylic acid

何といっても出題頻度がとても高いですから要 check です.

$$\text{C}_6\text{H}_5\text{ONa} \xrightarrow{\text{CO}_2(\text{高圧})} \text{(COONa)(OH)C}_6\text{H}_4 \xrightarrow{\text{H}^2} \text{(COOH)(OH)C}_6\text{H}_4$$

見て分かる様にフェノール類とも言えます.したがって $FeCl_3$ で呈色(赤紫色)し,この —OH と酢酸などのカルボン酸をエステル化すると

$$\text{(COOH)(OH)C}_6\text{H}_4 + \text{CH}_3\text{COOH} \longrightarrow \text{(COOH)(OCOCH}_3\text{)C}_6\text{H}_4$$

アセチルサリチル酸が,メタノールなどと,—COOH がエステル化すると,

$$\text{(COOH)(OH)C}_6\text{H}_4 + \text{CH}_3\text{OH} \longrightarrow \text{(COOH)(OH)C}_6\text{H}_4 + \text{H}_2\text{O}$$

サリチル酸メチルが得られます.両者は名前も似ていますが,用途も似ていて,前者はアスピリン(頭痛薬)の主成分(そのもの)ですし,後者はしっぷなどの鎮痛塗布剤に含まれています.ただ決定的に違うのは液性で,その名の通り前者は酸で(しかもカルボン酸なので炭酸より強い),後者は酸ではありません(厳密にはフェノール性の炭酸よりも弱い酸).ただ後者はフェノール基が残っているので $FeCl_3$ 呈色反応を示します.

(∗) —COCH₃ をアセチル acetyl 基といい,アセチル基を導入する反応はアセチル化 acetylation と呼ばれます.

── 例題14-1 ──────────────

次の文章を読み,下の問(問1〜問6)に答えなさい.サ

リチル酸は ア としての性質と イ としての両方を示す化合物である．このサリチル酸に関して以下の4つの実験を行った．

(実験1) サリチル酸に適当な触媒存在下でメタノールを反応させると A が生成した．

(実験2) サリチル酸と適当な触媒存在下で無水酢酸が反応すると B が生成した．

(実験3) サリチル酸二ナトリウム水溶液に CO_2 を吹き込むと C が生成した．

(実験4) サリチル酸に $NaHCO_3$ 水溶液を加えると CO_2 の気泡が生じて C が生成した．

A と B はともに医薬品として用いられる．実験1と2の反応は ウ 化であるが，とくに実験2の反応はアセチル化と呼ばれる．また実験1の反応は ア としての性質に基づくものであり，実験2の反応は イ としての性質による．

問1　化合物 A と B の構造式をかきなさい．

問2　 A ～ C のうち，塩化鉄(III)で呈色する化合物をすべて選び，記号で答えなさい．

問3　 ア ～ ウ に額当する語句を，以下の語群のなかから選び番号で答えなさい．

(語群) (1) フェノール (2) ベンゼン環 (3) カルボン酸 (4) 炭化水素 (5) アルコール (6) ジアゾ (7) エステル (8) スルホン (9) ニトロ

問4　実験3と4の化学反応を示しなさい．

問5

(1) 実験3および4と同様な酸-塩基反応が生じる実験を以下の実験5～実験8のなかから選び，番号で答えなさい．

(2) また，実験5～実験8において反応成生物が確実にえられるものを2つ選び，番号で答えなさい．

(実験5) ベンゼンに濃硫酸を加えて加熱する．
(実験6) 酢酸に $NaHCO_3$ 水溶液を加える．
(実験7) フェノールに $NaHCO_3$ 水溶液を加える．
(実験8) ベンゼンスルホン酸ナトリウム水溶液に CO_2 を吹き込む．

問6 実験1に関して，反応生成物 A を7.6gえた．理論上必要なメタノールとサリチル酸の質量を有効数字2けたで答えなさい．

(千葉大)

(解答・解説)

問1

A: (o-ヒドロキシ安息香酸メチル: COOCH₃, OH がベンゼン環のオルト位)

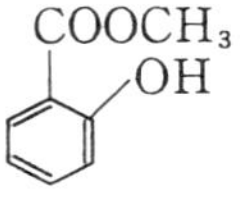

B: (o-アセトキシ安息香酸: COOH, OCOCH₃ がベンゼン環のオルト位)

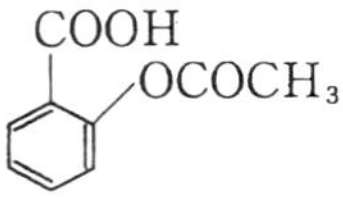

問2 Cは (COONa, OH がベンゼン環のオルト位) なのでフェノール性

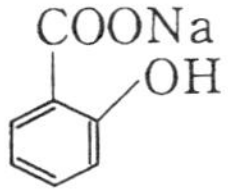

よって，$FeCl_3$ で呈色するのはA，C

問3 ア：3 イ：1 ウ：7

問4

実験3：

$$\text{（図：}\underset{\text{COONa, ONa}}{\bigcirc}+CO_2+H_2O$$

$$\longrightarrow \underset{\text{COONa, OH}}{\bigcirc}+NaHCO_3$$

実験4：

$$\underset{\text{COOH, OH}}{\bigcirc}+NaHCO_3 \longrightarrow$$

$$\underset{\text{COONa, OH}}{\bigcirc}+H_2O+CO_2$$

問5

(1) 酸と塩基の反応なので，当然酸-酸は不可です．なので，6のみ．

(2) スルホ化の5と(1)の6の2つ

問6　Aの分子量は152で1molのサリチル酸とメタノールから1mol得られるので

メタノール：$CH_3OH = 32$

$$32 \times \frac{7.6}{152} = 1.6 \text{g}$$

サリチル酸：

$C_6H_5COOH = 138$

$$138 \times \frac{7.6}{152} = 6.9 \text{g}$$

── 例題14-2 ──

トルエンに濃硫酸と濃硝酸の混合物をかき混ぜながら加え，おだやかに酸化すると分子式$C_7H_7NO_2$の化合物Aが生成する(i)．化合物Aは，主にパラ異性体とオルト異性体の混合物であるが，メタ異性体も少量含まれている(ii)．この混合物からパラ異性体を分離し，得られたパラ異性体を過マンガン酸カリウム溶液に加え，かくはんしながら煮沸して反応を完結させる(iii)．この溶液を酸性にすると分子式$C_7H_5NO_4$の化合物Bが析出する．次に，化合物Bをスズと濃塩酸で還元する

172　第14講　有機化学(4)——芳香族化合物(1)

と化合物Cが生成する(iv)．

問1　下線部(i)の置換反応は何と呼ばれるか．

問2　下線部(ii)のメタ異性体の構造式を記せ．

問3　下線部(iii)に関する以下の文中の ア ～ エ に最も適した語句を入れよ．

　この反応は，過マンガン酸イオンの強い ア 作用を利用し，トルエンのようなアルキルベンゼンを芳香族 イ にする一般的な方法である．この方法を利用すれば， ウ からフタル酸が生成し，また エ からテレフタル酸が生成する．

問4　化合物Bの構造式を記せ．

問5　下線部(iv)に関する以下の文中の オ ～ ケ に最も適した語句を入れよ．

　この反応過程では，化合物Bについている オ 基は変化せず， カ 基だけが還元されて キ 性の ク 基になる．したがって，化合物Cは塩酸，水酸化ナトリウムのどちらとも反応して塩をつくる ケ 物質としての挙動を示す．

問6　化合物Cのナトリウム塩の構造式を記せ．（九州大）

（解答・解説）

問1　ニトロ化

問2　m-位に N_2 基を持つトルエンの構造式（CH_3 が上、N_2 がメタ位）

問3　(ア)　酸化　(イ)　カルボン酸　(ウ)　キシレン　(エ)　p-キシレン

問4　4-ニトロ安息香酸（COOH、NO₂がパラ位）

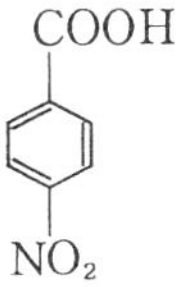

問5　(オ) カルボキシル　(カ) ニトロ　(キ) 塩基　(ク) アミノ　(ケ) 両性

問6　4-アミノ安息香酸ナトリウム（COONa、NH₂がパラ位）

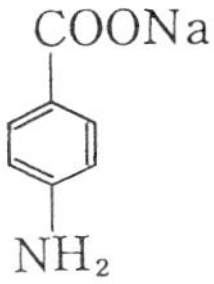

--- 今回のまとめ・覚えるべきこと ---

- フェノールの生成法
- サリチル酸のエステル化合物について
- 酸の強さ：
  塩酸＞カルボン酸＞炭酸＞フェノール

第15講 有機化学(5)
―― 芳香族化合物(2)

前回，芳香族炭化水素，フェノール，カルボン酸，エステルと駆け抜けてきましたが，エステルと並んで出題頻度の高いカップリング coupling 反応を学びます．まずはそのための準備です．

15.1 ニトロ nitro 化合物

－NO_2 が炭素原子についた化合物をニトロ化合物といいます．中年になって階段を駆け上がった際胸が痛くなったりする病気を狭心症といいますが，発作の時に用いる以前学んだニトログリセリン nitro-glycerin はニトロ化合物ではないのです．この薬は炭鉱夫が爆薬をなめると胸痛が軽減するということから臨床応用に至ったと言われています．そういえば，Novel 賞の A. Novel はこのニトログリセリンの爆薬を作ったのでした．

ニトロ基を導入する事を**ニトロ化**といい，濃硫酸（を触媒に），濃硝酸をベンゼンに作用させたニトロベンゼン nitro benzene が重要です．

他には爆薬として用いられる，トリニトロトルエン，ピクリン酸を憶えておくと良いでしょう．

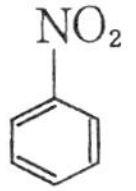

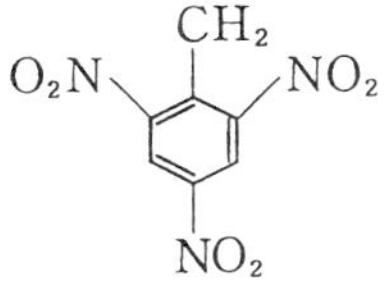

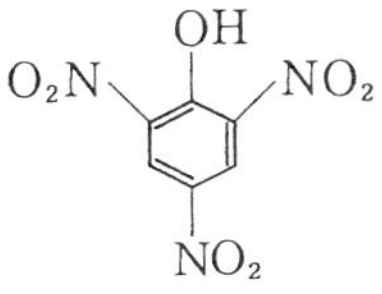

ニトロベンゼン　　トリニトロトルエン　　　ピクリン酸

これらは全て黄色の化合物です．
Nつながりで…

15.2　アミン amine

アミノ基 $-NH_2$ を持った化合物を**アミン** amine といいます．何と言ってもニトロベンゼンを還元して得られる**アニリン** aniline が重要です．

還元剤としては Fe や Sn などの金属を用います．半反応式から書いてみましょう．

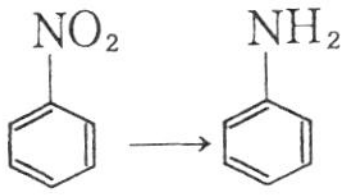

右辺にはOが2つなので水で左右をあわせて，

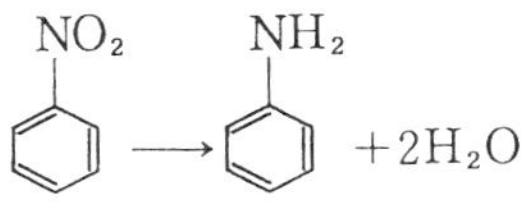

H^+ の数と電荷を揃えて，

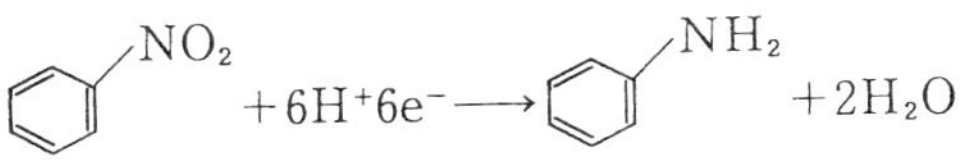

また，還元剤として Fe を用いた場合

$$Fe \longrightarrow Fe^{3+} + 3e^-$$

よって

$$\underset{}{C_6H_5}NO_2 + 2Fe + 6HCl \longrightarrow \underset{}{C_6H_5}NH_2 + 2FeCl_3 + 2H_2O$$

実際には H^+ の供給もとの酸とアニリンは中和（NH_3 もアルカリ性でしたね）反応をするので，アニリンではなくアニリンの塩が右辺にきます．

なので

$$\underset{}{C_6H_5}NO_2 + 2He + 7HCl \longrightarrow \underset{}{C_6H_5}NH_3Cl + 2HeCl_3 + 2H_2O$$

こうして得られたアニリンの塩を NaOH と反応させて，液性を塩基性にしてやれば，アニリンが得られます．

長々と書いてきましたが，要するに，ニトロベンゼン $\xrightarrow{還元}$ アニリンという事が重要です．（必要ならば反応式はつくれば良いのです）

アニリンはさらし粉と混ぜると<u>赤紫色</u>に，硫酸酸性化で二クロム酸カリウムと<u>黒色</u>に呈色します．後者は**アニリンブラック**という染色として革製品の着色に用いられています．

アニリンを始め，アミンは（弱）塩基性なので，当然カルボン酸とも反応します．—NH—CO— を**アミド amide 結合**といってこれを持つ化合物をアミドと呼びます．タンパク質中にもこの構造が多数（無数といったほうが適切かもしれません）存在し，この場合は特別に，**ペプチド peptide 結合**といいます．

$$C_6H_5-NH_2 + CH_3COOH \longrightarrow C_6H_5-\underset{H}{N}-\underset{O}{\overset{\|}{C}}-CH_3$$

もう1つNつながりで…

15.3 ジアゾニウム塩，アゾ化合物

R—N$^+$≡N をジアゾニウムイオンといってこれを含む塩のことをジアゾニウム塩と言います．ジ-di は2という意味でした．

ex.) $\left[\text{C}_6\text{H}_5\text{-N}^+\equiv\text{N} \right] \text{Cl}^- = \text{C}_6\text{H}_5\text{-N}_2\text{Cl}$

塩化ベンゼンアゾニウム

これは以下の反応で得られます．

C$_6$H$_5$-NH$_2$ + NaNO$_2$ + 2HCl $\xrightarrow{5\,°\text{C以下の低温}}$

C$_6$H$_5$-N$_2$Cl + NaCl + 2H$_2$O

フェノールの製法でも述べたと思いますが，水に溶けて N$_2$ を発生してフェノールになります．

ジアゾニウム塩はフェノールや芳香族アミンとカップリング coupling 反応して**アゾ基 −N＝N−** を持つ**アゾ化合物**を生じます．

アゾ化合物は独特な色を持つので染料として用いられます．中和滴定で用いられたメチルオレンジもアゾ化合物です．

HO$_3$S—C$_6$H$_4$—N＝N—C$_6$H$_4$—N(CH$_3$)$_2$

さて，今まで学んだ知識をつかって，混合物を分ける練習をしましょう．

例題15-1

次の文章を読み，下の問い（問1〜4）に答えなさい．化合物AとBの混合物について，以下の操作1および2を行った．

（操作1）十分な量の水酸化ナトリウム水溶液中で加熱したところ，A，B共に完全に加水分解された．室温まで冷却すると，水溶液の表面に透明な液体の有機物Cが浮遊していた．ジエチルエーテルで，有機物Cを水溶液からすべて抽出した．

（操作2）操作1を行った後の水溶液に，塩酸を少しずつ加えていくと，pH5付近で透明な液体の有機物Dが水溶液の表面に現れ，pH3付近から化合物Eの結晶が析出し始めた．pH1において，水溶液中の化合物Dと化合物Eを，ジエチルエーテルで全て抽出した．

問1　AとBは分子量がほとんどわからないが，融点が大きく異なる．融点が高い方の化合物を記号で答えなさい．

問2　操作1で抽出された有機物Cの構造式と化合物名を書きなさい．

問3　操作2で得られた化合物DとEの構造式と化合物名を，それぞれ書きなさい．また，塩酸を加えていく過程で，

なぜDとEが順番に析出したのか，その理由を書きなさい．

問4 操作2でえられた抽出液には，Dが4.7g，Eが18.3g含まれている事が，その後の分析により判明した．最初の混合物中におけるAとBの物質量は，それぞれ，何molか．また，得られた有機物Cの質量は何gか．計算過程も示し，答えは有効数字2桁で示しなさい．

(千葉大 医)

(解答・解説)

問1 水素結合を有する方が融点が高くなるわけです．
なので，B

問2 A ⟶ ベンゼン環-ONa
+ ベンゼン環-COONa

B ⟶ ベンゼン環-NH₂
+ ベンゼン環-COONa

なので，エーテルに溶ける
(＝水に溶けない＝イオンになっていない)

Cは ベンゼン環-NH₂ アニリン

問3 DとEのどちらかが酸として強いかというとEなので，

D: ベンゼン環-OH フェノール

E: ベンゼン環-COOH 安息香酸

問4 フェノールの分子量＝94,
安息香酸＝122なので，

D : $\dfrac{4.7}{94} = 0.050$ mol,

E : $\dfrac{18.3}{122} = 0.150$ mol

1molのAから1molのDが得られるので，

180 第15講 有機化学(5)——芳香族化合物(2)

A：0.050mol，EはAとBからそれぞれ得られるから，
B：0.150−0.050＝0.10mol

これはCのmol数に等しく，分子量は93だから
93×0.10＝9.3g ■

── 例題15-2 ──

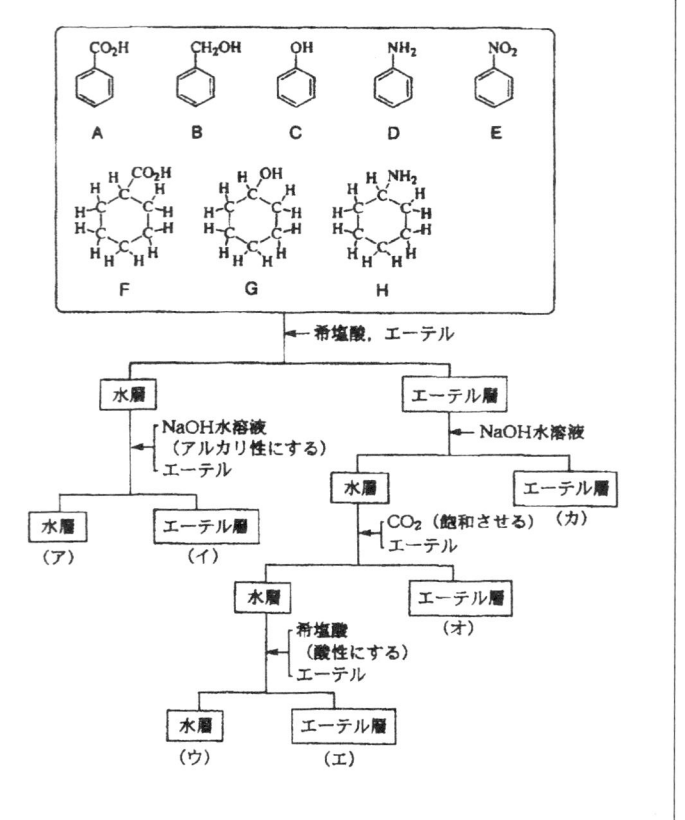

[構造式図：A (CO$_2$H／ベンゼン環), B (CH$_2$OH／ベンゼン環), C (OH／ベンゼン環), D (NH$_2$／ベンゼン環), E (NO$_2$／ベンゼン環), F (CO$_2$H付シクロヘキサン), G (OH付シクロヘキサン), H (NH$_2$付シクロヘキサン)]

↓ ← 希塩酸，エーテル

┌─ 水層 ─────────────┬─ エーテル層 ─┐
│   │
│ ← NaOH水溶液   ← NaOH水溶液
│   （アルカリ性にする）
│   エーテル
│   │
┌水層─┬─エーテル層─┐   ┌─水層──┬─エーテル層─┐
│(ア) │   (イ)   │   │   │   (カ)   │
                             │ ← CO$_2$（飽和させる）
                             │   エーテル
                             │
                         ┌水層─┬─エーテル層─┐
                                    │   (オ)   │
                         │
                         │ ← 希塩酸
                         │   （酸性にする）
                         │   エーテル
                         │
                    ┌水層─┬─エーテル層─┐
                    │(ウ) │   (エ)   │

上の図は，溶媒に対する溶解性の違いを利用して，有機化

15.3 ジアゾニウム塩, アゾ化合物　181

合物A〜Hの混合物を各成分に分離する操作を示したものである. 問1および問2に答えよ.

問1　分離操作の後に, 化合物A〜Hがそれぞれ(ア)〜(カ)のどの層に含まれているかを記号で答えよ. (ア)〜(カ)を複数回用いても良い.

問2　化合物C, Dの存在を呈色反応により確認するための試薬の名称をそれぞれ一つ示せ.

(北海道大)

(解答・解説)　各物質の液性(酸性 or 中性 or 塩基性)に注意して下さい. 当然, 酸を加えて水層に移るものは塩基性のものです.

問1　次の flow chart の様になります.

問2　Cはフェノールだから $FeCl_3$：塩化鉄(III)溶液, Dはアニリンだからアニリンブラックを見るために二クロム酸カリウム溶液, さらし粉で赤紫色に呈色させるのも OK です. ■

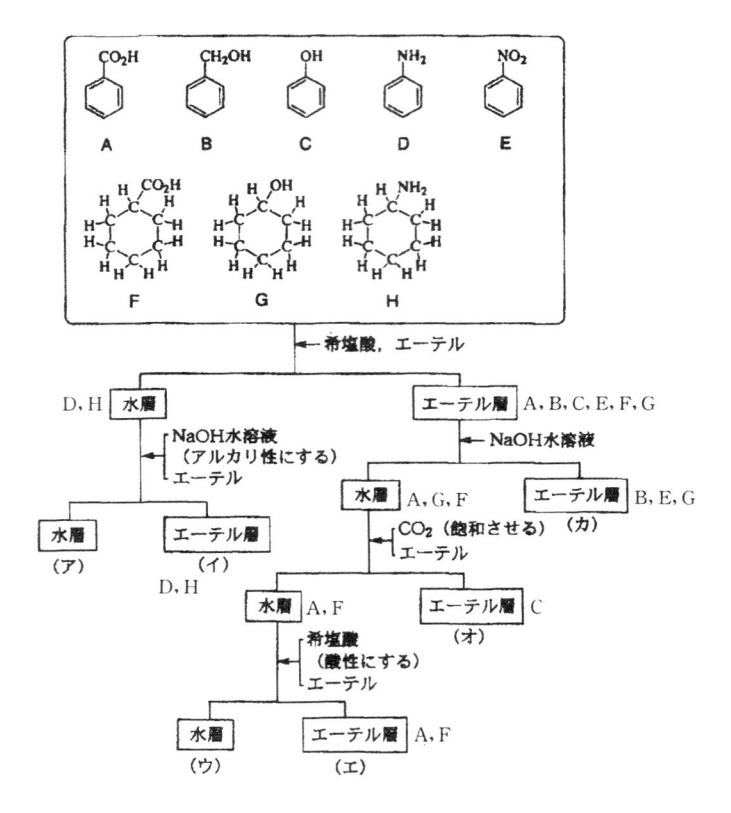

182 第15講 有機化学(5)──芳香族化合物(2)

── 例題15-3 ─────────────────────

有機化合物の分離と同定に関する実験を行った．次の文章を読み，問1〜問8に答えなさい．

有機化合物A，B，C，Dを等モルずつ含む混合試料を(イ)と水をつかった分離操作により，有機層Ⅰ（上層）と水層Ⅱ（下層）の2層に分離した．有機層Ⅰを再び分液ロート中に

注ぎ，希塩酸を加えて分離操作を行ない，有機層III，水層IVを分離した．有機層IIIは化合物Aのみを含んでいた．また，水層IVに水酸化ナトリウム水溶液を加えて中和したところ化合物Bが析出した．

化合物Aは元素分析の結果，炭素，水素，酸素のみで構成されている事がわかった．また，化合物Aをメタノールを含む水酸化ナトリウム水溶液と完全に反応させ，希塩酸で中和すると，ベンゼン環を有する分子式 $C_8H_8O_2$ の酸性化合物Eと分子式 $C_4H_{10}O$ の中性化合物Fが得られた．酸性化合物Eに過マンガン酸カリウム水溶液を加え，煮沸したところ，化合物Gが得られた．<u>また，化合物Gを加熱したところ，容易に水を放出し，化合物Hに変化した</u>(問1)．化合物Fは塩基性条件下でヨウ素と反応し，特有の臭気を持つ固体を与えた．

化合物Bをさらし粉の水溶液に加えると溶液は赤紫色になった．また，化合物Bを<u>M，N</u>(問4)と反応させ，還元した後，水酸化ナトリウム水溶液で中和したところ，化合物Jが得られた．<u>化合物Jを過剰量の無水酢酸と反応させると，化合物Kが得られた</u>(問5)．

一方，水層IIに塩酸を加え酸性とし，(イ)で抽出を行い，有機層から化合物Cを得た．白金触媒を用いて，1.00gの化合物Cを水素と完全に反応させたところ，標準状態で $0.160 l$ の水素が反応し，飽和脂肪酸が得られた．またこの分液操作で分離した水層に水酸化ナトリウムを加え，塩基性にした後，(イ)で抽出することにより<u>沸点78°Cの化合物Dを得る事が出来た</u>(問6)．

184　第15講　有機化学(5)——芳香族化合物(2)

(1)　下線部の反応においては，化合物 G 1 分子から水 1 分子が放出される．化合物 H の構造式を書きなさい．

(2)　化合物 A の構造式を書きなさい．

(3)　(イ)に適合する有機溶媒を示正式で書きなさい．

(4)　下線部の M，N として最も適当な試薬を書きなさい．

(5)　化合物 J はベンゼン環を有し，その 2 つの置換基は同一で p-(パラ)の関係にある事がわかっている．下線部の化学反応式を書きなさい．ただし，化合物 J，K 無水酢酸は示性式または構造式で書きなさい．

(6)　化合物 C は分子式 $C_{18}H_xO_2$ で表される脂肪族カルボン酸であることがわかった．x の値を書きなさい．また，その x の値を書いた主な計算式も書きなさい．

(7)　上記の一連の操作より，化合物 C，D はともに有機化合物であるにも関わらず最初の分液操作で水層に溶解した事がわかる．その理由を 2 行以内で書きなさい．

(8)　得られた化合物 D を蒸留によって精製したい．蒸留装置の絵を書きなさい．ただし，冷却器に流す水の向きを矢印を使って明記しなさい．また，ガスバーナー，三脚，支持器具は省略してよいが，以下の実験器具を必ず使うこと．
実験器具：枝つきフラスコ，温度計，リービッヒ冷却器，アダプター
　　　　　　　　　　　　　　　　　　　　　　（早稲田大　理工）

〔解答・解説〕

(1)　G にはベンゼン環があり，分子内脱水をするのでフタル酸やアヤシイです．

15.3 ジアゾニウム塩，アゾ化合物

すると，Eは分子式から考えて，

（構造式：o-メチル安息香酸 COOH, CH₃ がベンゼン環に結合）

確かにこれを酸化するとフタル酸が得られるから矛盾は無さそうです．

H：

（構造式：無水フタル酸）

(2) Fはヨードホルム反応陽性で，Eと脱水を起こし，Aになるので，アルコールだろうから，

$$CH_3-CH(OH)-CH_2-CH_3$$

よって，

（構造式：o-トルイル酸 sec-ブチルエステル）
$$CH_3-C_6H_4-C(=O)-O-CH(CH_3)-CH_2-CH_3$$

(3) (イ)：エーテルだから
$$C_2H_5-O-C_2H_5$$

(4) Bは明らかにアミンです．アミン，還元といわれればニトロベンゼン→アニリンを思い出してもらって

M，N＝スズ，塩酸

つまりBはニトロ基とアミノ基の両方を持つと考えられます．

(5) J：

（構造式：p-フェニレンジアミン，NH₂ が二つ）

だから

$$H_2N-C_6H_4-NH_2 + 2(CH_3CO)_2O$$
$$\longrightarrow \begin{array}{c}\text{NHCOCH}_3\\ \text{C}_6\text{H}_4\\ \text{NHCOCH}_3\end{array} + 2CH_3COOH$$

(6) $C_{18}H_xO_2$ の分子量 $=248+x$ で，$\dfrac{0.160}{22.4}$ mol の水素が付加して炭素数18の飽和脂肪酸になったのだから，

D：$C_{17}H_{35}COOH$ よって付加した水素は $\dfrac{36-x}{2}$ mol

よって，$\dfrac{1.00}{248+x} \times \dfrac{36-x}{2} = \dfrac{0.160}{22.4}$ ∴ $x=32$

(7) 水に溶けていたということはイオンになっていたということで…CとDが反応して塩になって溶けていた．

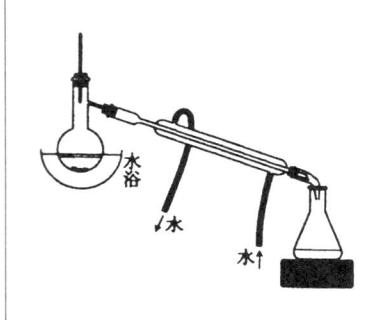

(8)

---- 今回のまとめ・覚えるべきこと ----

- アニリン $\xrightarrow{O}$ ニトロベンゼン
- coupling 反応
- 分離は液性に注目する

第16講 有機化学(6)
——天然高分子化合物

最も生命に関連深い分野です．
糖類，タンパク質，核酸などが挙げられますが，高校化学では糖類と，タンパク質を知っていれば十分といえるでしょう．
一般的なコトとして，高分子化合物は当然分子量が大きいので，分子間力も強く，固体として存在したり，溶媒に溶けにくく，コロイド溶液の性質を示します．また，電気を通しにくいのも特徴的です．2001年に Novel 化学賞を受賞した白川博士は電気を通すプラスチック（人工高分子化合物です）を発見したと言われています．
高分子化合物は基となる分子（これを**単量体 monomer**）が多数重合して出来ています（**重合体 polymer**）．重合には不飽和化結合が付加反応を繰り返す**付加重合**と，分子間から水などが取れる縮合を繰り返す**縮合重合**などがあります．さて，早速各論を見ていきましょう．

16.1 糖類

栄養学的には，炭水化物と言います．"糖"という名前から分るとおり砂糖等がこれに含まれます．単量体としては単糖類をしっかり覚えておきましょう．

第16講　有機化学(6)――天然高分子化合物

　　　　グルコース　　　glucose　　　（ブドウ糖）
　　　　フルクトース　　fructose　　　（果糖）
　　　　ガラクトース　　galactose
　　　　（マンノース　　mannose）

　これらは炭素数が6（*hexa-*）なので，hexose（六炭糖）と呼ばれることもあります．
また，単糖類には炭素数5（*penta-*）のpentoseもありますが，上記の3つを覚えておけば十分でしょう．これらの3つは互いに

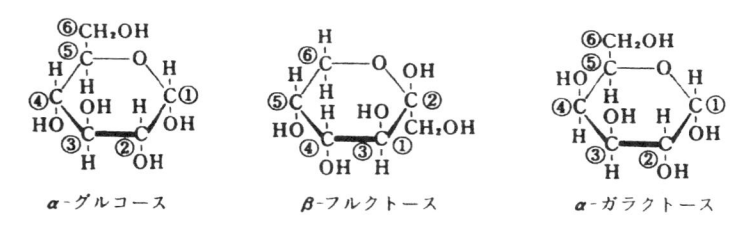

　　　α-グルコース　　　　*β*-フルクトース　　　　*α*-ガラクトース

構造異性体の関係で，上のような立体構造をしています．少し分りにくいかも知れませんので，例えば，*α*-グルコースを立体的に描いてみると…

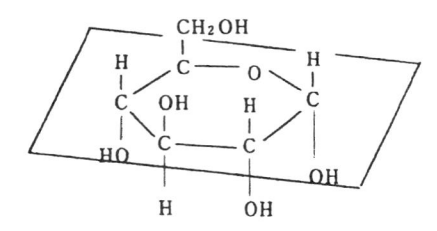

となっています．環が乗っている平面より上に1倍のOH基が下にある構造のものを *α*-，上にあるものを *β*- というように区

別しています．
これらは水溶液中で平衡状態にあります．

α-グルコース　　アルデヒド型グルコース　　*β*-グルコース
(六員環構造)　　　(鎖式構造)　　　　　　(六員環構造)

β-フルクトース　　ケトン型フルクトース　　*β*-フルクトース

上の点線で囲まれた部分はそれぞれ，アルデヒド基，
また，フルコトースの方は $-\underset{|}{\overset{OH}{C}}-\underset{|}{C}- \rightleftharpoons -\overset{O}{\overset{\parallel}{C}}-C-H$
となって，アルデヒド基を取るので，共に**還元性**を示します．
単糖2つから縮合して水が取れると**二糖類**となります．単糖類も一種のアルコールですから縮合して出来た結合はエーテル結合ですが，特に**グリコシド結合**と呼びます．
代表的な二糖類が何と何の単糖類から出来るか覚えておかなけれ

ばマズイです．

　β-フルクトース ＋ α-グルコース ⟶ スクロース（ショ糖）
　　グルコース　 ＋ β-ガラクトース ⟶ ラクトース　（乳糖）
　α-グルコース　＋ α-グルコース　⟶ マルトース（麦芽糖）
　β-グルコース　＋ β-グルコース　⟶ セロビオース

うーむ．大変ですネ．私が高校時代に友人から教えてもらった"記憶術"をお教えしましょう．

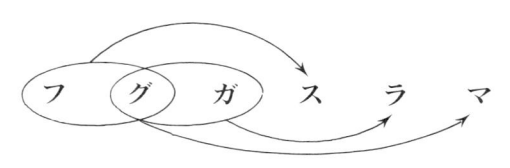

　　　フ　グ　ガ　ス　ラ　マ

意味は特に無いのですが…

単糖類二糖類の頭文字を並べて，2つずつ囲みます．1つ目の丸が，二糖類の1つ目，2つ目の丸が2つ目の二糖類，丸が重なったところが3つ目の二糖類，当時の私は結構眼からウロコでした．

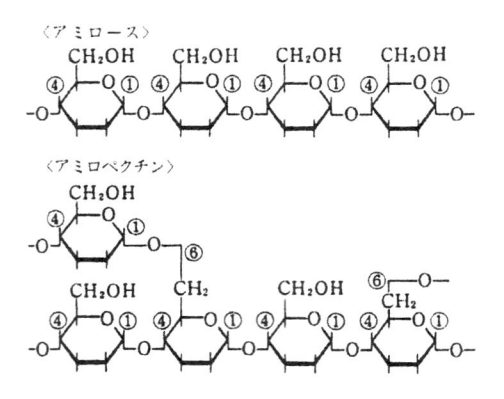

〈アミロース〉

〈アミロペクチン〉

いまだにこの"フグガスラマ"は頭に刻まれています．
単糖類が多数縮合して**多糖類**になります．

　図のように α-グルコースが真直ぐな直鎖状に重合した**アミロース**と，所々枝分かれした**アミロペクチン**，β-グルコースが直鎖状に重合したセルロースの3つを知っていれば受験は乗り切れるでしょう．アミロースとアミロペクチンを総称してデンプンと呼びます．
小学校でジャガイモにヨウ素をたらすと青紫色に呈色したのを記憶している人も多いと思いますが，これは**ヨウ素デンプン反応**といい，デンプンの確認に利用されます．
デンプンは唾液中に多く含まれるアミラーゼという酵素で，デキストリンという物質に，さらに二糖類であるマルトースにまで加水分解され，マルターゼという酵素で単糖類のグルコースに分解され，細胞のエネルギー源に利用されます．
一方セルロースは，自然界では綿や麻などの繊維がそれです．人工化繊というのも基本的には，石油等から人工的にセルロースを作ったものです．人工化繊には他，
ビスコースレーヨン，銅アンモニアレーヨンの2つが有名です．
共に木材のパルプから得られ，後者は**シュバイツァー試薬**という $[Cu(NH_3)_4]^{2+}$（テトラアンミン銅(II)イオン）を含む水溶液に溶かして得られます．
このシュバイツァー試薬のシュバイツァーと1952年にNovel平和賞を受賞したA.シュバイツァーとは当然関係ありません．

── 例題16-1 ──
　糖類は加水分解によってそれ以上簡単な糖を生じない単糖

類と，一分子の糖から単糖2個を生じる二糖類や，多数の単糖を生じる多糖類などに分類される．

グルコースはCHO—(CHOH)$_4$—CH$_2$OHで示される化合物の1つである．グルコースには5個のヒドロキシル基と1コのアルデヒド基があり，グルコースの異性体であるフルクトースには5個のヒロキシル基と1コのケトン基がある．

グルコースとフルクトースは水中では大部分が環状構造をとり①，いずれもフェーリング液を還元する．

スクロースはフェーリング液を還元しない②が，うすい酸で加水分解されてグルコースとフルクトースになる．

デンプンを希硫酸で完全に加水分解すると，グルコースになる．

問1　下線部①でグルコースが環状構造をとった場合の不斉炭素原子の数を書きなさい．

問2　下線部②の理由を構造に基づいて簡潔に説明しなさい．

問3　スクロースの加水分解物に過剰のフェーリング液を加えて加熱すると，11gの酸化銅(I)(Cu$_2$O) がえられた．加水分解されたスクロースは何molか．単糖1molはフェーリング液と定量的に反応し，1molの酸化銅(I)が生物するものとして，有効数字2けたで答えなさい．また，計算過程も示しなさい．

問4　デンプン100gを完全に加水分解した後，適当な量の酵母を加えてアルコール発酵させると，エタノールは何g生成するか．アルコール発酵の収集率を100%として，有効数字2けたで答えなさい．また，計算過程も示しな

さい． (千葉大 医)

(解答・解説)

問1
```
      CH₂OH
       |
       C*—O
      /     \
    C*       C*
      \     /
       C*—C*
```
上記の5つ

問2　フルクトースとグルコースが縮合し，それは両方の還元性を示す箇所で起こったから．

問3　スクロースは二糖類だから，スクロース1molで単糖類2mol分．

$2 : 1 = \dfrac{11}{143} : n$

∴ $n = 0.038$ mol

問4　アルコール発酵のハナシは第12回でしました．

デンプンの重合度（いくつの単量体からなっているか）を m とすると，デンプンの分子量 $= 180m - 18(m-1) = 162m + 18 ≒ 162m$

アルコール発酵では

$C_6H_{12}O_6 \longrightarrow 2C_2H_5OH + 2CO_2$ だから

$\dfrac{100}{162m} \times m \times 2 \times 46.0$

$= 56.7 ≒ 57$ g ∎

16.2　タンパク質

人間の水分を除いた部分のほとんどはタンパク質で構成されています．筋肉や爪などの分りやすいものから，細胞の骨格，細胞間の接着を担う分子までタンパク質です．そのタンパク質はアミノ酸 amino acid $H_2N—\overset{\overset{\displaystyle R}{|}}{C}H—COOH$ から成っています．
自然界に存在するアミノ酸はすべてカルボキシル基とアミノ基が

同じ炭素に付いた α-アミノ酸です．

基本的なアミノ酸は20種ありますが，受験では次の8種が特に狙われます．

名前	側鎖：R—	備考
グリシン	H—	光学不活性
アラニン	CH_3—	
フェニルアラニン	⟨◯⟩—CH_2—	
チロシン	HO—⟨◯⟩—CH_2—	水酸基あり
システイン	HS—CH_2—	S あり
メチオニン	CH_3—S—CH_2—CH_2—	S あり
グルタミン酸	HOOC—CH_2—CH_2—	酸性
リシン	H_2N—$(CH_2)_4$—	塩基性

アミノ酸は酸性を示す —COOH と塩基性を示す —NH_2 の両方を有する両性化合物です．溶液の pH によって以下のように荷電状態が変化します．

$$NH_3^+-CH-COOH \rightleftharpoons NH_3^+-CH-COO^- \rightleftharpoons NH_2-CH-COO^-$$
$$RRR$$

　（酸性溶液中）　　　　（中性溶液中）　　　　（塩基性溶液中）

アミノ酸が縮合し（この結合はアミド結合なのですが，特に**ペプチド結合**と呼びます）ペプチド peptide を作ります．

アミノ酸2つからなるペプチドならジペプチド，3つからならトリペプチドといった具合です．

多数のアミノ酸からなるペプチドはポリペプチドと呼ばれ，これ

がタンパク質の正体です．

♣♠◇♡ *Advanced Study* ♡◇♠♣

タンパク質はポリペプチドですが，ポリペプチドは必ずしもタンパク質ではありません．

タンパク質には一〜四次構造の4つの構造が存在します．一次構造はアミノ酸の配列のことで，二次構造はアミノ酸の連なったポリペプチド鎖の骨格で決定し，α-helix，β-sheet と呼ばれる部分的な立体構造のことを言います．その本体は水素結合です．

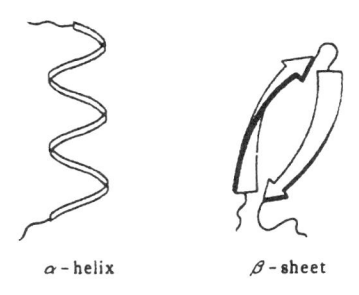

α-helix　　　β-sheet

三次構造は，側鎖同士の疎水結合，イオン結合，disulfide 結合（S—S）などによる全体の立体構造を言います．

四次構造は複数のポリペプチドが会合した機能的複合体のことを言います．つまり，タンパク質とは何らかの機能を持ったポリペプチドのことを言うのです．　　　　(***Advanced Study*** 終わり)

タンパク質はポリペプチドのみから出来た単純タンパク質と，糖などを含む複合タンパク質とに区別されます．タンパク質のうち水に溶けやすいものは親水コロイドとなるので，多量の電解質を加えてやると塩析し，タンパク質が沈殿します．

また，卵焼きをいくら冷やしても生卵の状態には戻らないことを思い出してもらって，加熱や強酸，強塩基などでタンパク質の立体構造が変化することを**変性**といいます．

また，タンパク質は様々な呈色反応を示します．名前くらいは押さえておく必要があります．

ビウレット反応……2つ以上のペプチド結合があると，NaOH，$CuSO_4$ を加えると紫色に呈色します．

キサントプロテイン反応…ベンゼン環を持つアミノ酸があると，濃硝酸を加えると黄色に呈色します．これはベンゼン環がニトロ化されるためです．

ニンヒドリン反応…これもタンパク質というより，アミノ酸の呈色反応で，ニンヒドリン溶液という溶液を加えると紫色に呈色します．

他，硫黄を含むアミノ酸を構成成分とするタンパク質では，酢酸鉛を加えると PbS の黒色沈殿が生じます．さて，少し問題に挑戦しましょう．

例題16-2

いくつかの α-アミノ酸をつぎに示す.

H₂N—CH—COOH

R=	CH₂C₆H₅	(CH₂)₄NH₂	CH₂OH	CH₃	(CH₂)₂COOH	(CH₂)₂SCH₃
名称	フェニルアラニン	リシン	セリン	アラニン	グルタミン酸	メチオニン
略号	Phe	Lys	Ser	Ala	Glu	Met
分子量	165.0	146.0	105.0	89.0	147.0	149.1

　これらのうちの3種類のアミノ酸とアルコールからなる鎖状テトラペプチドXがある．Xを加水分解し，その水溶液からアミノ酸A，B，C，ジペプチドD，E，F，2-プロパノールを取り出した．X，A〜F，2-プロパノールについて，実験(1)〜(6)を行った．

(1) A〜Fそれぞれの水溶液を濃硝酸と過熱しながら反応させると，A，D，Eの水溶液が黄色になり，さらに濃アンモニア水を加えてアルカリ性にしたところ，橙黄色になった．この変化は，A，D，Eの(イ)が濃硝酸によって(ロ)されたために起こる．

(2) A〜Fそれぞれの水溶液を水酸化ナトリウム水溶液とともに加熱し，酢酸で酸性にしたのち酢酸鉛(II)水溶液を加えたところ，B，Fの水溶液から，^(問2)黒色沈殿が生じた．

(3) A〜Cそれぞれの水溶液をpH試験紙で調べたところ，Cの水溶液のみが塩基性を示した．

(4) 122.6mgのXを完全に分解し，含まれる窒素をすべてアンモニアに変え定量した結果，発生したアンモニア

は 1.00×10^{-3} mol であった．

(5) 2-プロパノールを少量の濃硫酸とともに過剰の無水酢酸と反応させた．反応終了後，^(問7)<u>反応溶液を水に注ぎ，よくかきまぜたのち分液漏斗にうつした．ここに，エーテルと飽和 NaHCO₃ 水溶液を加え，分離操作を行った．</u>

(6) 加熱した濃硫酸に 2-プロパノールを滴下したところ，濃硫酸の温度が 210℃ のときは(ハ)（沸点 -48℃）が主として得られた．135℃ のときは(ニ)（沸点 68℃）が多く得られた．

問 1　(イ)と(ロ)に最も適合する語句を書きなさい．

問 2　黒色沈殿を化学式で答えなさい．

問 3　アミノ酸 A，B，C を略号で答えなさい．

問 4　X の分子量を M，X に含まれる窒素原子の数を n として，M と n の関係式を書きなさい．

問 5　窒素原子の数 n を求めなさい．主な計算式も書きなさい．

問 6　X のアミノ酸配列として最も適合するものを例にならい略号で答えなさい．ただし，2-プロパノール（^{i}PrOH）は，B とエステル結合しているものとする．慣例として，ペプチドは N 末端アミノ酸（遊離の -NH₂ 基を有するも）を左側に，C 末端アミノ酸（遊離の -COOH 基を有するもの）を右側にして，例の様に書く．
　　（例）　H—Glu—Phe—Ser—Ser—O^{i}Pr

問 7　下線部の操作によりエーテル層に分離された化合物の

構造式または示性式を書きなさい．

問 8 (ハ)と(ニ)に最も適合する構造式または示性式を書きなさい．

問 9 例にならいエステル RCOOR' の構造式を書き，加水分解で切断される結合の箇所を矢印で示しなさい．

(例)
$$R-\underset{\underset{H}{|}}{\overset{\overset{H}{|}}{C}}-R'$$
↑

(早稲田大 理工)

(解答・解説)

問 1 イ：ベンゼン環，ロ：ニトロ化

問 2 PbS

問 3 A にはベンゼン環が，B には S が含まれていて，C は塩基性のアミノ酸だから，
A：Phe，B：Met，C：Lys

問 4 X は $\dfrac{122.6\times10^{-3}}{M}$ mol あって，この中に窒素が n コある．1mol の窒素から 1mol のアンモニアが生じるから

$\dfrac{122.6\times10^{-3}}{M}\times n$

$=1.00\times10^{-3}$

∴ $M=122.6n$

問 5 X 中には Lys が 1 or 2 コ含まれているから，$n=5$ or 6

$n=5$ のとき，Lys，Met，Phe は 1 コずつなので，残る 1 つのアミノ酸は

$122.6\times5+18\times4-146.0-149.1-165.0-60.0$

$=149.9$ ∴ Phe

$n=6$ のとき，Met，Phe は 1 コずつで，Lys は 2 つ．このとき

$122.6\times6+18\times4-146.0\times2-149.1-165.0-60.0$

$=141.5\neq 0$　∴　不適
∴　$n=5$

問6　テトラペプチドの正体はPhe×2, Lys, Met で, 題意からH—○—×—△—Met—O^{i}Pr となっていて, ここから生成されるジペプチドは, ○—×, ×—△, △—Met.
D, E, F のうち F のみが S を含むので, F は △—Met で F はキサントプロテイン反応で呈色しないので, △＝Lys
よって,
○—×＝Phe—Phe
H—Phe—Phe—Lys
　　　　—Met—O^{i}Pr

問7　NaHCO$_3$ で中和されるのは当然酸性の物質で, 過剰にあるハズのものです.

それは酢酸なので,
CH$_3$COOH
2-プロパノールと無水酢酸の反応物は

$$CH_3-CH(CH_3)-O-C(=O)-CH_3$$

でこれは水に溶けないから, エーテル層に分離される.

問8　高温だったら分子内脱水, 低温だったら分子間脱水でしたネ
ハ：CH$_2$＝CH—CH$_3$,
ニ：CH$_3$—CH(CH$_3$)—O—CH(CH$_3$)—CH$_3$

問9　R—C(=O)—O—R′

今回のまとめ・覚えるべきこと

- "フグガスラマ"
- 狙われる8種のアミノ酸
- いくつかの呈色反応

第17講 有機化学(7)
——人工高分子化合物

　この分野は，医薬系の大学では他の分野に比べると出題頻度は高くありませんが，京都大学では毎年のように出されていますし，最近では東京大学でもよく目に付く気がします．個人的には，構造を書くのに化学式を繰り返し書かなくてはならず大変だし，"人工"物だけ合って，無味乾燥な気がして好きではありませんが…

受験で狙われるのは大きく分けて，
　1．ゴム
　2．繊維
　3．樹脂

です．特に後者2つは日常生活でもよく使われるので問われることが多いです．

17.1 ゴム

　ゴムの木から得られる液体を酢酸で処理すると**生ゴム**が得られます（ガムもこのゴムの木から作られます）．この生ゴムを熱して分解すると C_3H_8 **イソプレン**が生じることから生ゴムはこの付加重合体**ポリイソプレン**であることが分ります．

$n\text{CH}_2=\text{CH}-\underset{\underset{\text{CH}_3}{|}}{\text{C}}=\text{CH}_2$

$\longrightarrow \cdots \underset{\text{H}_2\text{C}}{\overset{\text{H}}{\text{C}}}=\underset{\text{CH}_2}{\overset{\text{CH}_3}{\text{C}}}\diagdown\text{CH}_2\diagup\underset{\text{H}}{\overset{\text{CH}_2}{\text{C}}}=\underset{\text{CH}_3}{\overset{\text{CH}_2}{\text{C}}}\diagdown\text{CH}_2\diagup\underset{\text{H}_2\text{C}}{\overset{\text{H}}{\text{C}}}=\underset{\text{CH}_2}{\overset{\text{CH}_3}{\text{C}}} \cdots$

あるラジオの DJ が丸一日同じガムを嚙み続けていたら終いには溶けてなくなってしまったと言っていたのを聞いたことがあります.
さすがにこんなに長くガムを嚙んだことがある人は少ないと思いますが,このハナシからも分るように天然のゴムはさほど耐久性に優れてはいません.そこで,前回チラッと登場した disulfide 結合を利用してやります.硫黄を数％加えて加熱してやると,二重結合のところにＳが反応し,ゴムの分子間にＳ—Ｓの架橋構造が生じ強いゴムになります.これを硫黄を加えることからゴムの **加硫**と言います.
現在自動車のタイヤなどに用いられるゴム（＝合成ゴム）には多数種類があります.それだけ需要が多いんですネ.
有名なのは,ポリブタジエンゴム $[-\text{CH}_2-\text{CH}=\text{CH}-\text{CH}_2-]_n$ とスチレンブタジエンゴム

　$[-\text{CH}_2-\text{CH}=\text{CH}-\text{CH}_2-\underset{\underset{\text{C}_6\text{H}_5}{|}}{\text{CH}}-\text{CH}_2-]_n$ です.

17.2 繊維

繊維という言葉から想像つくように洋服の原材料になります．洋服のタグをよく観察すると4種類くらいあることに気づくでしょう．

ポリアクリル系繊維

これはアクリロニトリル $CH_2=CH-CN$ を主成分とした重合体で「アクリル」と普通呼ばれていますネ．

ポリビニル系繊維

日本で開発されたビニロンがこれに属します．日本で開発されたという点からも出題頻度が高いです．要 Check です．

$$n CH_2=CH \atop |\ OCOCH_3 \longrightarrow \left[CH_2-CH \atop |\ OCHCH_3 \right]_n \xrightarrow{NaOH} \left[CH_2-CH \atop |\ OH \right]_n$$

(酢酸ビニル)

$\xrightarrow{CHCO}$ —CH$_2$—CH—CH$_2$—CH—CH$_2$—CH—CH$_2$—CH—CH$_2$—CH—
         _O_/   _O_/   OH   _O_/   _O_/
         CH$_2$ CH$_2$ (ビニロン)   CH$_2$ CH$_2$

ポリアミド系繊維

通常「ナイロン」と呼ばれています．かなり一般的に洋服の素材に用いられています．

次の2つが有名です．接頭の数字は炭素の個数に対応しています．

6,6-ナイロン

$n HOOC-(CH_2)_4-COOH + n H_2N-(CH_2)_6-NH_2$
  (アジピン酸)

$$\xrightarrow{-H_2O} HO\text{−}[CO\text{−}(CH_2)_4\text{−}CO\text{−}HN\text{−}(CH_2)_6\text{−}NH]_n H$$
　　　　(6,6-ナイロン)

6-ナイロン

$$nCH_2\begin{matrix}CH_2\text{−}CH_2\text{−}NH\\ |\\ CH_2\text{−}CH_2\text{−}CO\end{matrix} \longrightarrow [CO\text{−}(CH_2)_6\text{−}NH]_n$$
　(ε-カプロラクタム)　　　　　(6-ナイロン)

ポリエステル系繊維

　これもかなり一般的に洋服に用いられています．しかし皆さんは一日一個くらい購入していることでしょう．そう，ペットボトル PET bottle の材料です．PET とは polyethylene terephthalate の略です．

でもジュースの入った PET ボトルと洋服の材料の image が結びつかない人も多いことでしょう．某山口県発低価格カジュアルブランドで一般的になったフリース素材は PET ボトルの再利用からも作れることは有名ですので知っておいてください．というのは個人的にはゴミをきちんと分別して PET ボトルをリサイクルすれば多量のフリースなどを作れ，世界の貧しい国の人たちに温かい洋服を届けることが出来るかもしれないということをキモに命じておいて欲しいからです．

$$nHOOC\text{−}\bigcirc\text{−}COOH + nHO\text{−}CH_2\text{−}CH_2\text{−}OH$$
　　　(テレフタル酸)　　　(エチレングリコール)

$$\longrightarrow HO[OH\text{−}\bigcirc\text{−}CO\text{−}O\text{−}CH_2\text{−}CH_2\text{−}O]_n H$$
　　　　　　　　　(PET)

17.3 樹脂

樹脂というと image 沸きにくいですネ．平たく言うと**プラスチック**です．樹脂には熱するとキュッとなって硬くなる**熱硬化性樹脂**とふにゃふにゃになる**熱可塑（かそ）性樹脂**とがあります．覚えておくべきものは熱硬化性のもので3つ，熱可塑性のものはいっぱいあってきりがないので1つだけです．

熱硬化性樹脂

フェノール樹脂（別名：ベークライト）

$$\text{フェノール} \text{ と } HCHO \longrightarrow \text{(ベークライト構造)}$$

尿素樹脂（別名：ユリア樹脂）

$$CH(NH_2)_2 \text{ と } HCHO \longrightarrow \text{(ユリア樹脂構造)}$$

メラミン樹脂

$$\text{メラミン} + \text{HCHO} \longrightarrow \text{メラミン樹脂}$$

熱可塑性樹脂

ポリスチレン

$$CH_2=CH\text{-}C_6H_5 \longrightarrow {-[CH_2-CH(C_6H_5)]-}_n$$

このスチレンは p＝ジビニルベンゼンとの共重合でイオン交換樹脂が作れるので重要です．

文字通りイオンを交換するので陽イオンを引っ掛けて交換するよう陽イオン交換樹脂と，陰イオンを引っ掛ける陰イオン交換樹脂とがあります．

この両者を使うと海水 $NaCl$ aq. から真水 H_2O が得られます．他には，遺伝子の抽出，判定にも使われます．遺伝子（DNA）は

陰イオンに帯電しているので陰イオン交換樹脂を用います（cf. PCRなど）．一方，タンパク質を調べる際には陽イオン交換樹脂を用います（Westren blotなど）．理由は分りますね？ タンパク質はアミノ酸から出来ているからです．まだよく分からない？ アミノ酸はその名のごとくふつーは酸だからです．

---- 例題17-1 ----

合成高分子に関する以下の問いに答えよ．

(1) 次の高分子の中から熱硬化性樹脂をすべて選び，a～fの記号で答えよ．

　　　a．ポリプロピレン樹脂　b．ポリ塩化ビニル樹脂
　　　c．フェノール樹脂　　　d．ナイロン樹脂
　　　e．尿素樹脂　　　　　　f．メタクリル樹脂

(2) 高分子a～fを燃焼して生成ガスを硝酸銀水溶液に通じたとき，白濁するものはどれか．該当するものをすべて選び，a～fの記号で答えよ．

(3) 下の図は，ある高分子の構造を示す．この高分子の原料となる単量体の構造を記せ．ただし，図中の m, n は，それぞれ（ ）内の部分が任意の数（m 個と n 個）含まれるということを表している．

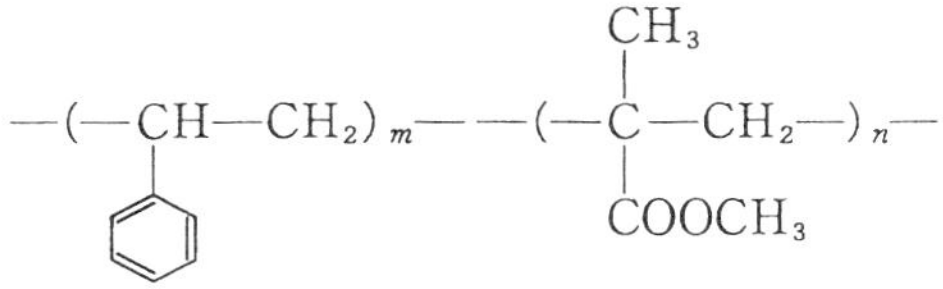

$$-(-CH-CH_2-)_m-(-\underset{COOCH_3}{\overset{CH_3}{C}}-CH_2-)_n-$$
（左側の CH に フェニル基 が結合）

（九州大）

（解答・解説）

問1　c，e

問2　硝酸銀水溶液を白濁させるということは，もちろん何かが沈殿したということです．沈殿反応については何回か後詳しくやりますが，銀とpairで沈殿といえばCl^-です．ということは，燃焼してCl^-が生じるもの．
b

問3　連結してるところの手を切って戻してやればわかります．

$$\mathrm{\left[\begin{array}{c} CH-CH_2 \\ | \\ \bigcirc \end{array}\right]_m}$$

$$\mathrm{CH=CH_2} \\ |\bigcirc$$

$$\mathrm{\left[\begin{array}{c} CH_3 \\ | \\ C-CH_2 \\ | \\ COOCH_3 \end{array}\right]_m}$$

$$\mathrm{\begin{array}{c} CH_3 \\ | \\ C=CH_3 \\ | \\ COOCH_3 \end{array}}$$

次の問題は知識があまり要らず，その代わり何を問われているのかをよく考えなくてはいけないよい問題です．

例題17-2

高分子化合物に関する次の文章を読み，問1～問3に答えよ．

高分子化合物は接着剤としても利用されている．一般に，接着剤は流動性を持っており，接着しようとする物質の表面に存在する小さな凹凸に浸透し，固化することにより接着力を示す．デンプンのりは，デンプンを熱湯によりコロイド溶液にしたもので，紙の接着に適している．また，メタクリル酸エステルのメチル基をシアノ基に置き換えた構造のシアノア

クリル酸エステル類は，きわめて反応性に富み，空気中の水分を開始剤として重合するため，瞬間接着剤として利用されている．

問1 濃度の薄いデンプンのりがコロイド溶液であることを確認するには，どのような方法があるか．例を一つ挙げて説明せよ．

問2 デンプンの成分の一つであるアミロースは，グルコースが縮合した天然の高分子である．しかし，アミロースをグルコースの脱水縮合によって，人工的にしかも副生成物を含まないように合成するのは困難である．その主な理由を二つ書け．

問3 シアノアクリル酸エチルが接着剤として働くには，重合開始剤として適度な水分を必要とする．しかし，過剰な水分があると十分な接着力を示さない．その主な原因として考えられることを書け．　　　　　　　　（大阪大）

(解答・解説)

問1 コロイドの性質を思い出せばいいワケです．コロイドといえば，チンダル現象，ブラウン運動…溶液にレーザー光のような細い光を当ててその通る道筋を見る．

問2 グルコースには α- と β- がありました．そしてその重合体には直鎖状のものと枝分かれしたものとがありましたネ．

溶液中ではグルコースは α- 以外の構造との平衡状態にあるから．

1—4間の縮合以外に1—6間の縮合による重合体も形成するから．

問3 重合開始剤が多いとどうなるのでしょうか？ そこらじゅうで重合が開始されるということですね．重合開始剤が多いと重合を開始する分子も多くなり，結果的に，短い重合体が多数出来るため分子がつながっておらず接着力が弱くなる．

■

今回のまとめ・覚えるべきこと

- ビニロン，6,6-ナイロン，6-ナイロン，PET
- 樹脂

第III部　各論 (2) 無機化学

第18講　無機化学(1)
——気体

　今回から無機物質に入ります．最後の単元です．この単元は有機物質以上に"各論"の色が濃く，故に覚えなければいけないことも多いです．しかし，登場する反応はすでに学んだ中和反応，酸化還元反応がほとんどです．これに後ほど学ぶ沈殿反応を抑えればOKです．"沈殿反応"といってもその本質はイオンの交換なので，この陽イオンとこの陰イオンなら沈殿するハズという組み合わせを覚えれば自然と書けるので恐れるに足らずです．この単元で学ぶことは，

- 非金属元素
- 気体
- 典型金属元素
- 遷移元素
- 工業化学

に大別されます．特に狙われるのは気体と工業化学です．東京大学や京都大学ではほぼ必ず無機の分野から大問が1台出されますし，私大医学部は穴埋め形式で問われます．医学的に大事な無機化合物は，Na^+，K^+，Ca^{2+}，Cl^- でしょうか．K^+ は心臓の拍動の調節に特に重要ですし，Ca^{2+} は筋肉の収縮，物質の分泌などに欠かせません．Na^+ は血圧上昇のKey factorです（だから，

みそ汁などの塩分の取りすぎは体によくないのです！）．
さて，それでは気体から見ていきましょう．

18.1 希ガス

　貴ガスとも言われます．希は"まれ"，貴は"貴重"という意味ですが，周期表の18属に属するヘリウム He，ネオン Ne，アルゴン Ar，クリプトン Kr，キセノン Xe，ラドン Rn の事を指します．
空気中にガスとして含まれ，ただ，その含有率は少ないので希/貴ガスなのです．希はまた，他の元素と反応して化合物を作ることが希，つまり安定という意味も持ちます．なので，希ガス元素は単原子分子として存在します．
他の特徴としては，光に馴染みが深いということです．
He は太陽内で $4{}_1^1H \longrightarrow {}_2^4He + 2e^+ + 2\nu$ という反応（核融合）で生成し，膨大なエネルギーを放出していますし，Ne は繁華街の明かり「ネオン」です．Ar, Kr, Xe はそれぞれ電球や蛍光灯などに封入されています．Rn は町の中でラドン温泉というのを見たことがあるでしょう．一般に Rn は放射性物質でこれを利用してお湯を沸かしたのが，ラドン温泉です．

18.2 その他の主な気体

　製法と捕集法を頭に入れておく必要があります．ただ，捕集法は水上置換，上方置換，下方置換のいずれかで，水に溶けない気体は基本的に水上置換で，空気よりも軽い気体は上方置換で，重い気体は下方置換で集めます．空気より軽いか重いかは，その気

体の分子量が空気の分子量（$N_2 \times 80\% + O_2 \times 20\% = 28.8$）より大きいか否かで判断します．

H_2：
$$Zn + H_2SO_4(希) \longrightarrow ZnSO_4 + H_2$$
H_2 は水に溶けないので水上置換で捕集します．

O_2：
$$2H_2O_2 \longrightarrow 2H_2O + O_2$$
触媒に MnO_2 を用います．O_2 も水に溶けませんネ．

Cl_2：
$$MnO_4 + 4HCl \longrightarrow MnCl_2 + 2H_2O + Cl_2$$
この反応は酸化還元反応です．Cl_2 は水に溶けると $HCl(ClO)$ などになるので下方置換で捕集します．ちなみに Cl_2 の色は黄緑色です．"ハロゲン"の項でも詳しく学びます．

CO_2：
$$CaCO_3 + 2HCl \longrightarrow CaCl_2 + H_2O + CO_2$$
CO_2 も水に溶けます（＝炭酸水）．

CO：
$$HCOOH \longrightarrow H_2O + CO$$
触媒として硫酸を用います．CO は CO_2 と違って水に溶けません．

NO_2：
$$Cu + 4HNO_3(濃) \longrightarrow Cu(NO_3)_2 + 2H_2O + 2NO_2$$
この反応は酸化還元反応ですから半反応式から作る練習をして下さい．NO_2 は水に溶けて硝酸を作ります．色は赤褐色です．次の NO と紛らわしいので注意してみてください．

NO：
$3Cu+8HNO_3(希) \longrightarrow 3Cu(NO_3)_2+4H_2O+2NO$
やはり酸化還元反応です。NOは希硫酸，NO_2は濃硫酸を用います。これはOの数に注意して覚えるとよいです。NOはOは薄い（少ない）ので希硫酸，NO_2はOが濃い（多い）ので濃硫酸を用いる。NOは空気中の酸素で酸化されてNO_2になることもあり，水上置換で捕集します。

SO_2：
$Cu+2H_2SO_4 \longrightarrow CuSO_4+2H_2O+SO_2$
または
$Na_2SO_3+H_2SO_4(希) \longrightarrow Na_2SO_4+H_2O+SO_2$
ともに酸化還元反応です。水に溶けます。出題頻度はさほど高くない気がします。

H_2S：
$FeS+H_2SO_4(希) \longrightarrow H_2S+FeSO_4$
単なるイオンの交換です。腐卵臭がします。温泉地へ行くと臭うのはこのH_2Sの臭いです。

NH_3：
$2NH_4Cl+Ca(OH)_2 \longrightarrow 2NH_3+CaCl_2+2H_2O$
アンモニアも水に溶けますね。分子量は17ですから上方置換で捕集します。
これらの気体は下図の様な装置を使って反応させます。

(A)　(B)　(C)　(D)　キップの装置　(E)

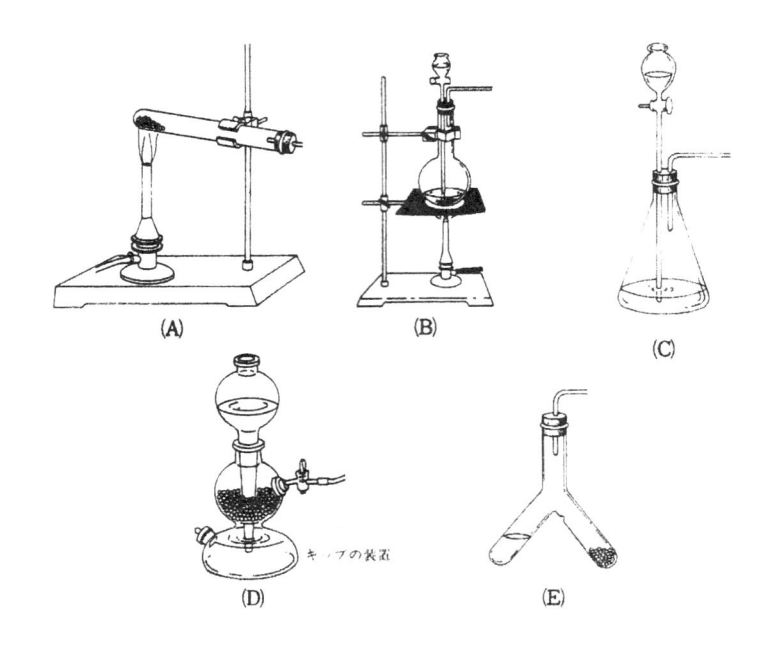

18.3　乾燥剤

　上の装置を使って出来た気体は不純物（というか，湿気，つまり水分）を含んでいるので，**乾燥剤**を用いて取り除きます．代表的な乾燥剤は，その性質から，酸性，中性，塩基性に分けられますが当然気体と反応しては望むべき気体が得られないので利用できません．

主な乾燥剤		利用できない気体
酸性	P_4O_{10}	塩基性の気体
	H_2SO_4(濃)	塩基性の気体, 還元性を示す気体 (ex. H_2S)
中性	$CaCl_2$	NH_3 ($CaCl_2 \cdot 8NH_3$ を作る)
塩基性	CaO	酸性の気体
	ソーダ石灰 (NaOH+CaO)	酸性の気体

―― 例題18-1 ――

次のa～gの記述を読み，設問(1)～(5)に答えよ．

a　5％過酸化水素水に酸化マンガン(IV)を加える．

b　銅に濃硫酸を加えて加熱する．

c　亜鉛に水酸化ナトリウム水溶液を加えて温める．

d　銅に濃硝酸を加える．

e　白金電極を用いて塩化ナトリウム水溶液を電気分解する．

f　塩化アンモニウム水溶液に水酸化ナトリウムを加えて加熱する．

g　過マンガン酸カリウムの硫酸酸性水溶液に過酸化水素水を加える．

設問(1)：これらの中で水素が発生するものすべてをa～gの記号で記せ．

設問(2)：これらの中で酸素が発生するものすべてをa～gの記号で記せ．

設問(3)：aで起こる反応を化学反応式で記せ．

設問(4)：cで起こる反応を化学反応式で記せ．
設問(5)：a～gの操作で発生する気体の乾燥剤として P_4O_{10} を使用できないものがあれば，a～gの記号に40字以内の理由をつけて答えよ． (名古屋大)

(解答・解説)

a～gの反応を書いてしまいましょう．

a　$2H_2O_2 \longrightarrow 2H_2O + O_2$

b　$Cu + 2H_2SO_4$
　　$\longrightarrow CuSO_4 + 2H_2O + SO_2$

c　この反応はまだ学んでいないです．錯イオンと呼ばれる複合イオンが生成します．

　　$Zn + 2NaOH + 2H_2O$
　　$\longrightarrow Na_2[Zn(OH)_4] + H_2$

d　$Cu + 4HNO_3$
　　$\longrightarrow Cu(NO_3)_2 + 2H_2O + 2NO_2$

e　陰極では水が，陽極では Cl^- が電気分解されます．

　陰極：$2H_2O + 2e^- \longrightarrow H_2 + 2OH^-$

　陽極：$2Cl^- \longrightarrow Cl_2 + 2e^-$

f　$NH_4Cl + NaOH$
　　$\longrightarrow NaCl + H_2O + NH_3$

g　見るからに酸化還元反応ですネ．何度も練習した組み合わせでしょう．

$MnO_4^- + 8H^+ + 5e^-$
　　$\longrightarrow Mn^{2+} + 4H_2O$

$H_2O_2 \longrightarrow O_2 + 2H^+ + 2e^-$

設問(1)：c，e

設問(2)：a，g

設問(3)：$2H_2O_2 \longrightarrow 2H_2O + O_2$

設問(4)：$Zn + 2NaOH + 2H_2O$
　　$\longrightarrow Na_2[Zn(OH)_4] + H_2$

設問(5)：f

アンモニアは塩基性なので，酸性の P_4O_{10} と反応するから． ■

乾燥剤についての問題もありました．難しい問題なので解答を見て一度ふーんと納得すればいいでしょう．

―― 例題18-2 ――

次の文章を読み，以下の問ア〜エに答えよ．

化学実験では気体や固体を乾燥させるための乾燥剤として，以下のようなものがある．

十酸化四リンは白色の粉末で，強力な乾燥剤である．カルシウム化合物には，無水塩化カルシウム，酸化カルシウム，無水硫酸カルシウムなど，吸湿性を持つものが多い．粒状の水酸化ナトリウムはアンモニアの乾燥に適する．濃硫酸は液体の乾燥剤の代表的なものである．シリカゲルは汎用の乾燥剤であり，これは①ケイ酸ナトリウム（Na_2SiO_3）に水を加えて加熱することにより得られる水あめ状の物質（水ガラス）に塩酸を加え，生じる白色沈殿を加熱乾燥させてつくる．

一方，乾燥剤は家庭でも使われている，食品保存用のシリカゲルや酸化カルシウム，それに②除湿剤としての無水塩化カルシウムがその例である．

[問]

ア　乾燥剤が水分を取り除く仕組みについて，次のA，Bに答えよ．

A　十酸化四リンは，水と反応することを利用した乾燥剤である．十酸化四リンを水と十分に反応させたときの化学反応式を示せ．

B　シリカゲルは，水分子を吸着することを利用した乾燥

剤である．この乾燥剤が多くの水分を取り除くことが出来る理由を1行程度で説明せよ．
イ 次の(1)〜(6)の中から正しいものを2つ選び，番号で答えよ．
  (1) 塩化水素を乾燥させるためには，無水塩化カルシウムよりも酸化カルシウムを用いるほうがよい．
  (2) 酸化カルシウム，水酸化ナトリウムはいずれも潮解性を示す．
  (3) 濃硫酸は，その脱水作用により砂糖を炭化させる．
  (4) 水分を含んだ固体を乾燥させるためには，デシケーター中で十酸化四リンとよく混ぜ合わせて置いておく．
  (5) シリカゲルは吸湿により着色する．
  (6) 文中で述べた7種の乾燥剤は，いずれも水に触れると発熱する．
ウ 無水炭酸ナトリウム（Na_2CO_3）を水に溶かしても，下線部①のように水あめ状にはならない．炭素とケイ素は同じ14族元素であるが，このような違いを示す理由について，化合物の構造の違いに基づき2行以内で説明せよ．
エ 下線部②に関し，無水塩化カルシウム10.0gをビーカーに入れて室内に放置したところ，数週間後にはビーカーの中身は無色透明な液体となっていた．この液体からゆっくりと水を蒸発させたところ，無色の結晶が析出し，その重量は19.7gであった．この結晶の化学式を示せ．結果だけでなく求める過程も示せ．

(東京大)

18.3 乾燥剤

（解答・解説）

ア　A　P，O，Hから作れそうなもの…リン酸です！
$$P_4O_{10} + 6H_2O \longrightarrow 4H_3PO_4$$

　　B　これはシリカゲルのことをよく知らないと書けません。
　　　シリカゲルは多孔性で表面積が大きく，親水基を多く持つため．

イ　(3)，(6)

ウ　この問題もいわば知識問題ですが，炭素とケイ素の違いはよく出題されるので，作問者もそれを意識してのことでしょう．14族の各論で例題も用いて学ぶつもりです．ケイ酸イオンはSiとO正四面体構造がSi—O—Siの結合で鎖状につながった構造をしているため，分子の構造が大きくコロイド上になるため水あめ状の構造をとる．

エ　この問題は解けるでしょう．n個のH_2Oを吸着したとすると，$CaCl_2 = 111.1$なので，
$(CaCl_2 : CaCl_2 \cdot nH_2O =)$
$111.1 : 111.1 + 18.0n$
$\qquad = 10.0 : 19.7$
$\qquad \therefore\ n = 5.98$
nは自然数だから$n = 6$
よって，$CaCl_2 \cdot 6H_2O$　■

今回のまとめ・覚えるべきこと

- 希ガス ∈ 空気
- 10種のガスの生成法
- 乾燥剤の適用

第19講 無機化学(2)
——非金属元素

金属はそのほとんどが固体なのでイメージしやすいですが，非金属といわれるとどんな状態を想像するでしょうか？　一般的には気体でいるものが多いですが，それだと何故前回やらないのかというハナシになりますネ．
今回のカギは同属の元素は似たもの同士が多い，ということと，同素体を押さえるところにあります．同素体って何でしたっけ？スグに分かりますか？

19.1　17族元素

　別名ハロゲンです．周期表の一番下は無視してF，Cl，Br，Iをcheckしましょう．
ハロゲンのイオンは1価の陰イオンをとりやすいので，H^+とくっついてハロゲン化水素を作ったり，

$$2X^- \longrightarrow X_2 + 2e^-$$

となって還元性を示したりします．ハロゲンは周期表の下に行く程その還元性が強くなります．逆に言えば，上の方が酸化力が強い．つまり，酸化力はF>Cl>Br>Iという順です．
また，単体の性質を表にすると，

	F_2	Cl_2	Br_2	I_2
融点, 沸点	低	<	<	高
状態	気体	気体	液体	固体
色	淡黄色	黄緑色	赤褐色	黒色

F_2 は水と激しく反応しますが，I_2 はほとんど反応しません．Cl_2 は漂白・殺菌作用があるので病院用のあらゆるものの"消毒"に用いられています．

19.2　16族元素

狙われるのはO，Sの二つです．同素体をしっかりcheck しましょう．

O_2（酸素），O_3（オゾン）

酸素は大丈夫ですネ!?　空気中に約20％程含まれ，生物はこれを取り込んで細胞内で様々な物質の燃焼（＝代謝）に使うわけです．しかし，O_2^- というラジカルは強力な酸化物質で組織などを傷つけてしまいます．ビタミンCやワインに含まれるポリフェノールはこの O_2^- の作用を止める抗酸化作用があるといわれています．オゾンの方は大気中で紫外線や雷の放電など高いエネルギー下で酸素から生成し，地球の周りで波長の短い有害な紫外線を吸収しています．北極や南極ではオゾン層の消失（オゾンホールの拡大）が地球規模で大問題となっています（原因物質はクーラーや冷蔵庫のフロンガスが有名ですネ）．
Sの方は斜方硫黄，単斜硫黄，ゴム状硫黄の同素体を覚えて起きましょう．Sの化合物（SO_2，H_2SO_4，H_2S）については前回学

19.3 15族元素

N,Pの二つをcheckしておけばよいのですが,ちょっともり沢山です.

N₂

空気中の約80%をしめる安定性に優れた気体です.

NH₃

前回製法（実験室的）を学びました．後で工業化学の回で再び学びますが，工業的にはN_2とH_2から作る**ハーバー・ボッシュ法**が重要です．

NO$_x$

窒素酸化物の総称です．NO, NO_2についてはやはり前回学びましたので今回は敢えては取り上げません．N_2O（亜硫酸窒素）は別名，笑気といい，その名の通り吸い込むと笑ってしまい酒に酔った気分になります（短時間ですが）．この性質を用いて手術の際の麻酔に用いられています．

P

単体で**赤リン**と**黄リン**の同素体が存在します．赤リンはマッチの棒に塗られています．黄リンには有害でしかも空気中でも自然発火するので水中で保管します．同じリンでともに"火"に関わりが深いのに一方は無害で一方は有害．間違ったらエライことです．

Pの化合物としては乾燥剤として用いられるP_4O_{10}と中酸であるH_3PO_4が有名です．リン酸は生体で非常に重要な**エステル**を

19.4 14族元素

C, Si, Ge, Sn, Pb とあって後者三つは主に金属として扱われますから C, Si の二つですが, 二つと思ってナメることなかれ, 非常に出題頻度が高いのです.

C

シャーペンの芯などに使われているお馴染みの黒くてもろい**黒鉛（グラファイト）**と結婚指輪などに重宝される, 硬くてキレイな**ダイヤモンド**の同素体が存在します. この二つは有名ですが最近はたまに狙われる**フラーレン Fullerene** というものもあります. このフラーレンは1985年に発見されました. フラーレンは C_{60} で直径 0.71nm という小さなサイズ, 高い対称性から関心を集め, 発見者の3人は1996年に Novel 賞を受賞しました.
最近では AIDS に効くという話まであります. AIDS の原因ウィルスである HIV ウィルスの作り出す HIV－プロテアーゼという酵素にはまり込んでその活性を下げるというのです.

黒鉛は正六角形がいくつも連なった平面が何層にも重なった構

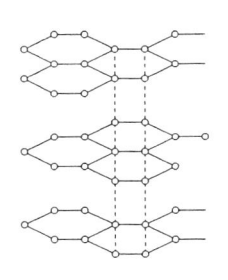

造をしています．

　層と層は分子間結合で結合されているためもろく，また，平面には近隣のCとの結合にあずからなかった電子（＝自由電子）が存在するので，黒鉛を電池につなぐとこれが電流の担い手となって電流を通します．以前学んだマンガン乾電流の電子（電極）も炭素体でした．

ダイヤモンドはC原子が正四面体構造をした共有結合の結晶です．隣の原子と共有結合がガッチリくっついているワケですから硬いのです．

　しかし，硬いといってもその構成要素はCですから燃やすと炭と同じようになり，終いにはCO_2となって悲しいかな蒸発してしまいます．

ちなみに，フラーレンはサッカーボールと同じ構造をしていたり，チューブのような構造をしていたりします．

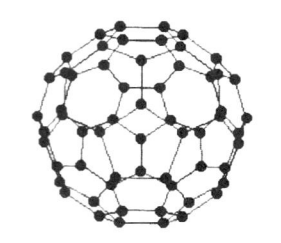

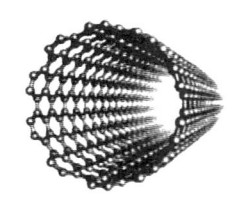

Si

　岩石に酸化物などとして多く含まれます（これを地殻といいます）から非常に popular な元素です．地殻を構成する元素として多い順に O, Si, Al, Fe, Ca などがあります．ケイ素はダイアモンドと同じ正四面体構造をしており，ここがよく狙われます．コンピューターなどに欠かせない半導体に利用されたり，除湿剤の**シリカゲル**や**ガラス**の材料として用いられます．

岩石から取り出した酸化物（SiO_2）に NaOH を加えて高温でアルカリ融解すると，

$SiO_2 + 2NaOH \longrightarrow Na_2SiO_3 + H_2O$ の様に反応してケイ酸ナトリウムが生じます．ケイ酸イオンというイオンにも Si の性質を引き継いで正四面体構造をしています．

このケイ酸ナトリウムがガラスやシリカゲルの原料になります．水を加えて煮沸すると粘性が大きくなり**水ガラス**となりガラスの"液体"version です（"液体"としたのは以前物質の三態のところでガラス状態というハナシをしたことがありましたネ．それを踏まえてのことです）．

水ガラスに塩酸を加えて乾燥させると**シリカゲル**が出来上がります．シリカゲルは孔が沢山あいているので表面積が大きく，水分を付着します（そういえば，冷蔵庫の脱臭剤などにもよく用いられる備長炭は竹の炭（＝黒鉛）ですが，これも表面積に孔が沢山あいているので空気中の臭いの元となる物質を水分ごと吸着するのです）．シリカゲルは遺伝子やタンパク質の抽出に使うクロマトグラフィーの吸着剤としても用いられています．

228　第19講　無機化学(2)——非金属元素

― 例題19-1 ―

次の文章を読んで，問1〜4に答えなさい．

周期表17族に属する元素は ア と総称され，他の原子から電子を1個奪い，1価の陰イオンになりやすい．その単体は，2原子が結合した分子として存在し，室温で気体である塩素や イ ，液体である ウ ，昇華性の固体であるヨウ素があり，毒性が強い．(A)他の物質との反応性（酸化力）は エ の順に強くなる．

ヨウ素は水に溶けにくいが，ヨウ化物イオンを含む水溶液には溶ける．ふつうこれをヨウ素水溶液という．塩素には刺激臭があり，(B)実験室では酸化マンガン(IV)に濃塩酸を加え，加熱して発生させる．また，塩素の水溶液は，(C)塩素の一部が水と反応して生じた オ のため，漂白・殺菌作用をもつ．

問1　空欄 ア 〜 オ に適切な語句を記入しなさい．

問2　(1)　Cl^- の電子配置を例にならって書きなさい．

　　　　例　$Na:K(2)L(8)M(1)$

　　(2)　塩素より原子番号の大きい元素の中で，Cl^- と同じ電子配列を持つ原子あるいはイオンの化学式を，原子番号の近いものから二つ書きなさい．

問3　(1)　下線部(A)に関して，臭化ナトリウムに塩素を作用させる場合の化学反応式を示しなさい．

　　(2)　下線部(B)を化学反応式を用いて示しなさい．

　　(3)　下線部(C)を化学反応式を用いて示しなさい．

問4　図は実験室での乾燥した塩素の製法を示したものである．

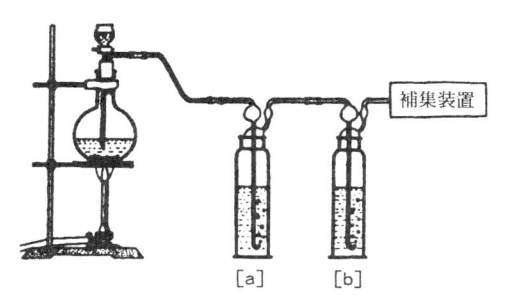

図 塩素の製法
(1) 洗気ビン[a]および[b]に入れる物質名を書きなさい．
(2) 洗気ビン[a]および[b]は何のために置くのか，各々その理由を書きなさい．
(3) 気体の捕集方法として水上置換，上方置換，下方置換がある．どの捕集方法が適切かを選び，その理由を25字以内で書きなさい．
(神戸大)

(解答・解説)
問1 ア：ハロゲン イ：フッ素 ウ：臭素
エ：ヨウ素＜臭素＜塩素＜フッ素
オ：次亜塩素酸
問2
(1) Cl^-：K(2)L(8)M(8)
(2) Ar, K^+

問3
(1) 問題文でも出てきた通り，塩素は臭素よりも酸化力が強いので…
$Cl_2 + 2NaBr \longrightarrow Br_2 + 2NaCl$
(2) 酸化還元反応ですから，半反応式から作ります．
$MnO_2 + 4H^+ + 2e^-$

$\longrightarrow Mn^{2+} + 2H_2O$
$2Cl^- \longrightarrow Cl_2 + 2e^-$
∴ $MnO_2 + 2Cl^-$
$\longrightarrow Mn^{2+} + 2H_2O + Cl_2$
∴ $MnO_2 + 4HCl$
$\longrightarrow MnCl_2 + 2H_2O + Cl_2$

(3) この反応式は覚えてしまった方がいいかもしれません．
$Cl_2 + H_2O \rightleftharpoons HCl + HClO$

問4
(1) ［a］：水　［b］：濃硫酸
(2) ［a］：塩化水素を除くため
　　［b］：水分を除くため
(3) 問題文からも分るように，塩素は水に溶けるわけです．
捕集方法：下方置換
理由：塩素は水に溶け，空気よりも重い気体だから．■

――― 例題19-2 ―――

次の文章を読み，下の問い（問1～6）に答えなさい．

炭素とケイ素は，周期表中で典型元素であり，他の原子と ア 結合を作り，単原子イオンにはならない．

炭素の同素体として有名なものに イ と黒鉛（グラファイト）があり， イ では炭素原子が規則正しく次々に結合した構造を持ち，結晶全体を一つの巨大分子とみなすことができる． イ は無色透明で，物質の中で最高の硬度を有する．また，融点が極めて高く，電気伝導性がない．一方，黒鉛では，炭素原子が ウ の各頂点に位置し， ア 結合で作られた エ 構造がさらに分子間力によって層状に重なり結晶を作っている．

ケイ素の単体（シリコン）は，結晶および非晶質（アモルファス）の状態で既に実用化されている．ケイ素の化合物であ

る二酸化ケイ素は酸性酸化物のひとつであり，古くから用いられている素材である．特に鈍度が高く透明な二酸化ケイ素は，通信用に用いられている．

問1　炭素とケイ素の電子配置の共通点を答えなさい．

問2　上の文章の ア ～ エ に当てはまる言葉を書きなさい．

問3　同素体の定義を50字以内で述べなさい．

問4　二酸化ケイ素の結晶では，1個のケイ素原子に何個の酸素原子が結合しているか．また，それらはどのような形状の立体を形成しているか答えなさい．

問5　①ケイ素の単体の製法，および②二酸化ケイ素と炭酸ナトリウムを高温で融解させた時の反応をそれぞれ化学反応式で示しなさい．

問6　炭素やその化合物の燃焼により生ずる二酸化炭素は，無色・無臭の気体であり，石灰石から製造することができる．その製法として①酸を用いる方法と，②酸を用いない方法について，それぞれ化学反応式で示しなさい．

(千葉大)

(解答・解説)

特に解説は必要ないですかね？

問1　最外殻に4個の電子を持つ．

問2　ア：共有　イ：ダイヤモンド　ウ：正六角形　エ：平面

問3　同一の元素からなる単体で，結合，構造が異なるため性質が異なる物質のこと

問4　4個，正四面体

問5

① $SiO_2 + 2C \longrightarrow Si + 2CO$

② $SiO_2 + Na_2CO_3 \longrightarrow Na_2$

$SiO_3 + CO_2$

問6

① $CaCO_3 + 2HCl \longrightarrow CaCl_2 + H_2O + CO_2$

② $CaCO_3 \longrightarrow CaO + CO_2$ ■

今回のまとめ・覚えるべきこと

- 各種同素体
- 10種のガスの生成法（前回のまとめから再掲）
- C, Si の正四面体構造

〈参考文献〉

Bosi S, Da Ros T, Spalluto G, Balzarini J, Prato M. : Synthesis and anti-HIV properties of new water-soluble bis-functionalized [60] fullerene derivatives. *Bioorg Med Chem Lett. 2003 Dec 15 ; 13 (24) : 4437-40*

Friedman SH, Ganapathi PS, Rubin Y, Kenyon GL : Optimizing the binding of fullerene inhibitors of the HIV-1 protease through predicted increases in hydrophobic desolvation. *J Med Chem. 1998 Jun 18 ; 41 (13) : 2424-9*

第20講 無機化学(3)
── 典型元素

20.1　1族金属

　Li, Na, K, Rb, Cs, Fr のことですが，(Hは1族ですが"金属"ではないので除きます) 別名，**アルカリ金属**といいます．受験的，医学的には Na, K が超重要です．
　1族だけあって最外殻電子は1コで，容易にこれを放して安定な電子配置をとり，**1価の陽イオン**になります．別の言い方をすれば (第1) イオン化エネルギーが小さい．考えれば分かることですが，同属元素間では周期が大きくなれば (周期表の下へ行くほど) 中心の陽イオンと最外殻電子の間に働く Coulomb 力が小さくなる ($Fq = K\dfrac{Qq}{r^2}$ で $r \longrightarrow$ 大) のでイオン化エネルギーは小さくなります．イオンになりやすいということは反応性に富むということでもありますから，空気中に放置したりすると空気中の水分なんかと反応してしまうので，保存する際は石油中に保存します．水との反応は一般に爆発的で，例えば

$$2\mathrm{Na} + 2\mathrm{H_2O} \rightarrow 2\mathrm{NaOH} + \mathrm{H_2}$$

です (素手で触ろうものなら指や手のひらの水分と反応してやけどします)．この反応を見れば分かるように得られた水溶液は**弱塩基性**を示します．これがアルカリ金属とよばれる所以です．

NaOHやKOHはさらに空気中の水分を吸収して溶けます．このことを**潮解性**といい，出題者好みする単語です．似たような単語で，**風解性**というのがありますが，こちらは水和水を持つ結晶で，水和水が自然と蒸発してしまうことを言います．ニュアンスの違いを味わって下さい．Na_2CO_3などが風解性を示します．

Naの化合物で重要なものは，NaOH，Na_2CO_3，$NaHCO_3$です．後者二つは工業的には**ソルベー Solvay（アンモニア・ソーダ）法**で製造されます．これは工業化学の回でまとめて学びましょう．Li，Na，Kは単体で**炎色反応**を示すのでした．ゴロ合わせがあるので今回のまとめをチェックして下さい．

♣♠♢♡ *Advanced Study* ♡♢♠♣

NaとKは医学的に重要と述べましたが，心臓の働きにしろ，腎臓での血圧の維持にしろこのNa^+とK^+に依存しているといっても過言ではありません．Na^+は細胞の外に，K^+は細胞の外に多く存在しています．例えば心臓の細胞ではとある刺激をきっかけに，Naが細胞の中に入ってきます．

細胞膜の電位は普段マイナス（－）に傾いていますのでNa^+が入ってくるとこれが＋になり（phase0：脱分極）．次にNa^+があまり入ってこれなくなって（phase I），Ca^{2+}が入りつつK^+が出て行きます（phase II）．K^+がでていくのが多くなると電位が下がっていき（phase III），最後はこのままだと初めの状態とNa^+とK^+のバランス（Ca^{2+}も）が異なっているのでエネルギー（ATPという状態による）を利用してポンプのようにNa^+とK^+を（Na^+とCa^{2+}も）交換します．

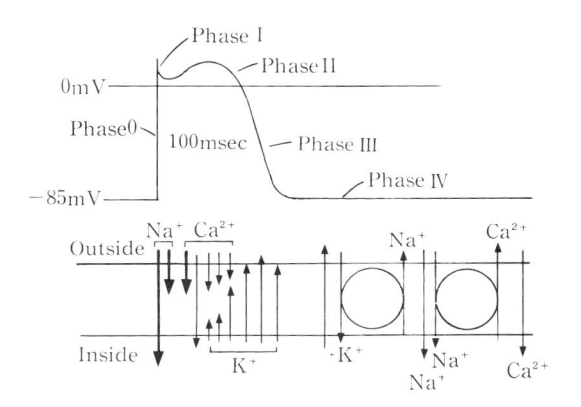

すると上の図のような変化の電位になります．この一連の動きが心拍一回に相当すると考えてください．例えばK^+を血の中に注射してやると血の中は細胞の"外"ですから，phase IIIで細胞のうちからK^+が外へ出にくくなります．（ルシャトリエの原理です．）

細胞は元の状態に戻れないので次の鼓動を刻むことが出来ず，"徐脈"の状態になります．'91年に某大学で起きた末期癌の患者さんに対する「安楽死事件」はまさにこれを利用したものです．

(***Advanced Study*** 終わり)

20.2 2族金属

Be, Mg, Ca, Sr, Ba, Ra が2族金属元素ですが，<u>Be, Mgを除く</u> Ca, Sr, Ba, Ra は**アルカリ土類金属**と呼ばれます．試験に出るのは Mg, Ca です．やはり一族と同様に，最外殻電子は2コなので，2価の陽イオンになります．

BeとMgは水と反応しにくいですが、アルカリ土類金属は水と簡単に反応して

$$Ca + 2H_2O \rightarrow Ca(OH)_2 + H_2$$

H_2 を発生します（Mgは高温の水蒸気とは反応します。やはり H_2 を発生します）。

BeとMgは空気中の O_2 と反応しにくいですが、アルカリ土類金属は容易に酸化されます（Mgは空気中で<u>熱すると</u>酸化されます）。

このようにBe，Mgがアルカリ土類金属に含まれないのはその性質が異なるためです。ただ、Mgは少しエネルギーを与えてやれば（高温にすれば）アルカリ土類金属と似たような挙動を示します。アルカリ金属もそうでしたが、空気中の水分や酸素と反応するのを防ぐため**石油中**で保存します。化合物で出題頻度が高いのはCaです。化合物についている和名が似ていて中々厄介です。

CaO（生石灰）

石灰石 $CaCO_3$ を加熱して生成します。既に学んだ通り乾燥剤として用いられます。NaOHとの混合物も乾燥剤ですが、こちらは**ソーダ石灰**と呼ばれます。どちらもアルカリ、アルカリ土類とアルカリがつくことから塩基性の物質なので、<u>当然酸性の気体には使用できません</u>。

Ca(OH)₂（消石灰）

生石灰と水を反応させると生成します。

$$CaO + H_2O \rightarrow Ca(OH)_2$$

「燃える生石灰に水をかけたら消えた」とこじつけてCaOとCa(OH)₂を憶えていました。

消石灰の水溶液を石灰水といい，小学校の時などに二酸化炭素の検出に用いましたネ．あの反応は，
$$Ca(OH)_2 + CO_2 \to CaCO_3\downarrow + H_2O$$
という反応です．当時私はそのまま息を吹き込み続け白く濁った石灰水がまた透明になるのを大変不思議に思ったものでした．実は
$$CaCO_3 + H_2O + CO_2 \to Ca(HCO_3)_2$$
となって水に溶ける $Ca(HCO_3)_2$ に変化するからなのですが，この事実に気づいた時（高3？）は"目からウロコ"でした．
$Ca(OH)_2$ は Cl_2 と反応し，強力な漂白作用を持つサラシ粉 $CaCl(ClO)$ に変化します．

CaCO₃

重要な essence は CaO，$Ca(OH)_2$ に散りばめたので補足だけ．炭酸（CO_3^{2-}）は弱酸なので，炭酸より強い酸に追い出されて（有機の時にやりました）しまいます．
$$CaCO_3 + 2HCl \to CaCl_2 + H_2O + CO_2$$
ただし，硫酸に対しては表面に $CaSO_4$ という不溶性の物質を形成するためにこれがcoverの役目を果たし反応が進行しにくいです．

CaCl₂

$Ca(OH)_2$，CaO，$CaCO_3$ に HCl を加えると生じます．乾燥剤として用いるんでしたネ．アンモニアには使用できないことは学びましたが，エタノールとも $CaCl_2\cdot 4C_2H_5OH$ という物質を形成してしまうので使えません．

CaSO₄

自然界にはセッコウとして2水和物として存在します．焼くと

$CaSO_4 \cdot \frac{1}{2}H_2O$ という焼きセッコウになります．

CaC_2（カルシウムカーバイド）

CaO とコークス（C）を強熱するとできます．

$$CaO + 3C \rightarrow CaC_2 + CO$$

CaC_2 はアセチレン C_2H_2 の原料でしたネ．

$$CaC + 2H_2O \rightarrow Ca(OH)_2 + C_2H_2$$

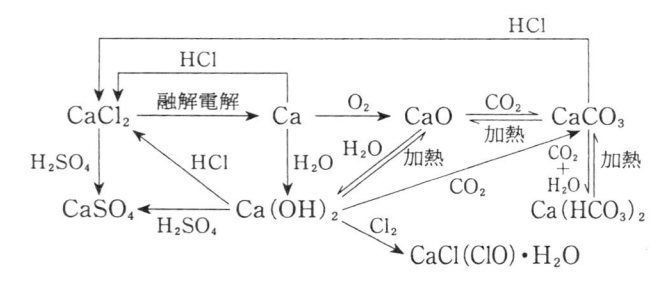

```
                          HCl
           ┌─────HCl──────────────────────┐
           ↓       ↓                       │
        CaCl₂ ──融解電解──→ Ca ──O₂──→ CaO ⇄(CO₂/加熱)⇄ CaCO₃
         │↑         ↑      │H₂O   H₂O↕加熱        ↑│
    H₂SO₄│ │HCl     │      ↓        CO₂       CO₂+H₂O │加熱
         ↓ │        Ca(OH)₂                     ↓
        CaSO₄ ←H₂SO₄─                       Ca(HCO₃)₂
                    │Cl₂
                    ↓
               CaCl(ClO)·H₂O
```

例題20-1

次の文章を読み，ア には元素名を，イ には数字を，ウ にはイオン式を，エ，オ，カ には分子式を入れなさい．また，文章(2)を読み，設問(i)から(v)に答えなさい．ただし，有効数字は3桁とする．

(1) 周期表の2族元素は，上からベリリウム，マグネシウム，カルシウム，ア である．2族元素の原子は2個の荷電子を持つので，イ 族元素の原子と1:1組成のイオン結合性の化合物を形成する．カルシウムの2価陽イオン Ca^{2+} と同じ電子配置（内殻電子を含めて）を持つ2価陰イオンは ウ である．カルシウム単体は，空気中で熱すると燃え

て，酸化カルシウム CaO と窒化カルシウム ［エ］ の混合物になる．あずき粒大のカルシウム単体を水の中に入れると気体 ［オ］ が発生する．この水溶液に二酸化炭素を吹き込むと白色沈殿を生じながら白濁するが，二酸化炭素をさらに通じると，［カ］ を生じ沈殿は溶けて透明な水溶液になる．

(2) 炭酸カルシウム，酸化カルシウム，炭化カルシウム，無水塩化カルシウムの混合物A 8.75g を容器にとり，500ml の水を加えたところ気体Bが発生した．発生した気体Bを全て集めて 0°C，1atm の体積を測定したところ，784ml であった．引き続いて，容器中の水溶液をかき混ぜながら 2.00mol/l の塩酸を 100ml 加えたところ，気体Cが発生し，水溶液は酸性を示した．発生した気体Cを全て集めて 0°C，1atm での体積を測定したところ，336ml であった．この酸性水溶液を完全に中和させるためには，1.00mol/l の水酸化ナトリウム水溶液を 40.0ml 加える必要があった．中和させた後，水を加えて 1l の水溶液Dとした．

(i) 気体Bの名称を答えなさい．

(ii) 気体Cを電子式で答えなさい．

(iii) 混合物A 8.75g 中の炭酸カルシウムは，何 g であるか答えなさい．

(iv) 混合物A 8.75g 中の酸化カルシウムは，何 g であるか答えなさい．

(v) 水溶液Dでのカルシウムイオン濃度は，何 mol/l であるか答えなさい．

(慶應大 理工)

(解答・解説)

(1) (ア) ストロンチウム (イ) 16 (ウ) S^{2+} (エ) Ca_3N_2 (オ) H_2 (カ) $Ca(HCO_3)_2$

(2)
(i) $CaCO_3$, CaO, CaC_2, $CaCl_2$ のうちに水と反応するのは CaC_2 と CaO ですね．そのうち気体を発生するのは… アセチレン

(ii) 今度は HCl と反応するもの… $CaCO_3$ です．
$CaCO_3 + 2HCl$
$\quad \to CaCl_2 + H_2O + CO_2$

$$\ddot{\underset{..}{O}} :: C :: \ddot{\underset{..}{O}}$$

(iii) (ii)から CO_2 は
$336ml/22.4l = 1.50 \times 10^{-2}$ mol
$CaCO_3$ の分子量は100.0だから
$1.50 \times 10^{-2} \times 100.0 = 1.50g$

(iv) (i)は $CaC_2 + 2H_2O$
$\quad \to Ca(OH)_2 + C_2H_2$
だから C_2H_2 は

$784ml/22.4l$
$\quad = 3.50 \times 10^{-2}$ mol
CaC_2 は分子量64.0だから
$3.50 \times 10^{-2} \times 64.0 = 2.245g$
今,水を加えて HCl を加えた後残っているものは

$CaCO_3$, CaO, $CaCl_2$, CaC_2
　　　↓　↓H_2O　　↘
$CaCO_3$,　$Ca(OH)_2$,　$CaCl_2$
　　　　　　↓ HCl
HCl ─────→ $CaCl_2$

この反応に使われた HCl は
$2.00mol/l \times 100ml$
$\quad = 0.200mol$ 中,
NaOH で中和された分
$1.00mol/l \times 40.0ml$
$\quad = 0.0400mol$ を引いて
$0.200 - 0.0400 = 0.160mol$
$CaCO_3$ は $0.0150mol$ あったから $Ca(OH)_2$ は
$0.160 - 2 \times 0.0150/2$
$\quad = 0.0650mol$ あった．
このうち CaC_2 由来のもの

は 0.0350mol だから CaO 由来のものは 0.0300mol, つまり, CaO も 0.0300 mol = 1.68g

(v) もとの $CaCl_2$ は

$8.75 - 1.50 - 2.24 - 1.68$
$= 3.33g = 0.0300mol$

よって

$0.01500 + 0.0650 + 0.0300$
$= 1.10 \times 10^{-1} mol/l$ ■

20.3 12, 13, 14族

これらの族には**両性元素**といって酸と塩基に反応する金属が多いのが特徴です．なのでおさえておくべき元素も両性元素が中心です．Al, Zn, Sn, Pb, Ga, Ge のうち，Al, Zn, Sn, Pb の出題頻度が高いです．

Al, Zn

酸との反応は，$2Al + 6HCl \rightarrow 2AlCl_3 + 3H_2$
$Zn + 2HCl \rightarrow ZnCl_2 + H_2$

と普通ですが，塩基との反応が少し特徴的です．

$2Al + 2NaOH + 6H_2O \rightarrow 2Na[Al(OH)_4] + 3H_2$
$Zn + 2NaOH + 2H_2O \rightarrow Na_2[Zn(OH)_4] + H_2$

と錯イオンを形成します．
Zn はこの他 NH_3 とも錯イオンを形成します（$[Zn(NH_3)_4]^{2+}$）．が，Al は形成しません．これはイオン分析の際，point となるところです．

Sn, Pb

Sn は 2 価 or 4 価のイオンになります．Sn はいくつかの合金と材料となります．Fe との合金はブリキですし．Pb との合金ははんだです．合金といえば受験で狙われやすいのはトタン（Fe

とZnの合金)，ブリキ（FeとSnの合金）です．トタンはイオン化傾向がZn＞FeなのでZnの方が早く溶けるので鉄がさびにくいのですが，ブリキはFe＞Snなので鉄が先に溶けてしまいます．屋根のように雨風にさらされるような用途であればトタンが，罐詰のように密閉された用途であればブリキが向いているということになります．

ちなみにステンレスはFeとCrまたはFeとCrとNiの合金です．

―― 例題20-2 ――――――――――

亜鉛に関する次の文章を読み，問いに答えよ．

亜鉛は原子番号30の元素である．亜鉛は遊離しては産出されないが，広く地殻中に分布しており，鉱石として最も重要なものは硫化亜鉛を主成分とする閃亜鉛鉱である．また亜鉛は種々の亜鉛化酵素の金属成分などとして生体にとって必須の金属元素である．亜鉛の単体を得るには，硫化鉱物をまず酸化亜鉛にした後，a 酸化亜鉛を炭素と混ぜて高熱にすると亜鉛が蒸留されてくる．また，酸化亜鉛を硫酸亜鉛にし，これを電解することによっても亜鉛を得ることができる．亜鉛は種々の電池，黄銅などの合金や鋼板のめっきの材料として工業的に広く用いられている．亜鉛は酸，例えば，b 塩酸と反応するだけなく，強塩基，例えば，c 水酸化ナトリウムの水溶液と反応することもできる．また d 亜鉛の蒸気を空気で処理することなどにより亜鉛華と呼ばれる白色粉末が得られ，顔料医薬品や化粧品などに用いられる．

(1) 亜鉛原子の電子配置を記せ．例えば，水素原子があれ

ば H：K¹ のように記せ．

(2) 上記の下線部 a～d に対応する反応においてもしも還元される元素があれば，その元素記号とその元素の酸化数が幾らから幾らへ変化するかを記せ還元される元素が無い場合は解答欄に無しと記せ．

(3) 硫酸水溶液船に浸した亜鉛板と硫酸銅水溶液に浸した銅板を両極とし，両電解液量を素焼きの陽板で仕切った電池を 0.100A で30分間充電すると，この電池の正極の質量は増加，減少，不変のいずれか．また変化する場合には，何g変化するか．

(4) 鉄に亜鉛をめっきしたものは，もしも表面にきずがついてしまった場合，腐食しやすくなると考えられるか．理由も簡潔に記せ．

(慶應大 医)

(解答・解説)
(1) Zn：K¹L⁸M¹⁸N²
(2) a：Zn, 2+→0
    b：H, 1+→0
    c：H, 1→0
    d：O, 0→−2
(3) イオン化傾向は Zn＞Cu なので，Zn が先に溶けます．（＝負極）正極での**充電**反応は
$Cu \rightarrow Cu^{2+} + 2e^-$
で流れた e^- は
$0.100 \times 30 \times 60/96500$
$= 1.87 \times 10^{-3}$ mol
∴ $1.87 \times 10^{-3}/2 \times 63.5$
$= 5.92 \times 10^{-2}$ g の減少
(4) 腐食しにくくなる
イオン化傾向が Zn＞Fe なので，Fe を Zn でめっきした場合，表面に傷がついても Zn が先に溶解するので，Fe は溶けにくい． ■

今回のまとめ・覚えるべきこと

- 色反応の語呂合わせ
  リアカーなきケー村動力借るもするもくれない
  Li(赤) Na(黄) K(紫) Cu(緑) CaSr(紅)
- Ca と Ca の化合物の因果関係
- 両性元素の酸と塩基の反応
- いくつかの合金

第21講　無機化学(4)
——遷移元素

遷移元素は典型元素が縦（族）に似ている性質が並んでいたのに対し，横（周期）に似ている性質が並んでいます．

「遷」は「遷都」という言葉からも想像できるように，移るという意味です．何が移るのかというと，それは…価電子で，一つの元素が数種類の酸化数をとるものが多いというのが特徴です．また，これまでも単語 level では登場している**錯イオン**を形成するのも遷移元素がほとんどです．

錯イオンとは金属イオンを中心として，そのまわりに分子やイオンが配位結合してできたイオンのことで，配位結合している分子やイオンのことを**配位子**，配位子の数のことを**配位数**といいます．金属イオンによって配位数が決まっていて，受験では配位子も決まっているので，その組み合わせを覚えておかなければなりません．

イオン	配位数	形	化学式	色
Ag^+	2	直線	$[Ag(NH_3)_2]^+$	無
			$[Ag(CN)_2]^+$	無
Zn^{2+}	4	平四面体	$[Zn(NH_3)_4]^{2+}$	無
Cu^{2+}	4	正方形	$[Cu(NH_3)_4]^{2+}$	濃青色
Fe^{2+}	6	正八面体	$[Fe(CN)_6]^{4-}$	黄色

Fe^{3+}	6	正八面体	$[Fe(CN)_6]^{3-}$	黄色
Co^{3+}	6	正八面体	$[Co(NH_3)_6]^{3+}$	無

21.1　11族元素

　Cu, Ag, Auの銅, 銀, 金が同族元素です．どれも安定な物質で, 金は全金属中最もイオン化傾向が小さい金属です．
Ag, Auは空気中ではほとんど酸化されず（とは言っても長期間放置すると銀なんかは黒ずんできますが（この黒ずみの正体は例題21‐1でわかります）), Cuは酸化されて表面に黒色のCuO（酸化銅(II)）を生成します．ちなみに銅の酸化物にはCu_2O＝赤色もあります．
Cuは酸化剤の下で, アンモニア水に溶けて**濃青色の溶液テトラアンミン銅(II)イオン**になります．

$$2Cu + 8NH_3 + 2H_2O + O_2 \rightarrow [Cu(NH_3)_4]^{2+} + 4OH^-$$

Cu, Agは普通の酸には溶けませんが, 酸化力のある硝酸などには溶けます．Auは**王水**という塩酸3, 硝酸1の混酸でないと溶けません．
CuもAgも独特の色をした化合物が存在するので, それをおさえることがpointになります．
CuO：黒色, Cu_2O：赤褐色
$CuSO_4 \cdot 5H_2O$：青色, $CuSO_4$：白色
$Cu(OH)_2$：白色, $[Cu(NH_3)_4]^{2+}$：濃青色
CuS：黒色
AgCl：白色, AgBr：淡黄色, AgI：黄色
Ag_2O：褐色, AgCN：白色, Ag_2S：黒色

とりわけ重要なものには波線を付けました．$[Cu(NH_3)_4]^{2+}$ は Cu^{2+} と Zn^{2+} の混合溶液から各々を分離するのに重要です．
Ag は日常的には装飾品に，またハロゲン化銀は光が当ると銀が遊離するという性質を持つため，これを応用させて，
HO—⟨⟩—OH（ヒドロキノン）を作用させて，光の当った強弱に応じて銀の遊離する度合いに差を付け微妙な風合が出ます．これが写真の**現像**です．

---- 例題21-1 ----

次の会話を読み，問1～問6に答えなさい．

W君：先生，母が大事にしているこの銀のスプーンですが，いつも使っているスプーンより重い感じがするのですが．

先生：普通のスプーンはステンレス製で，密度は 7～8g/cm³ ぐらいだ．それに比べ(問1)<u>銀の密度は高い</u>からだよ．

W君：銀はアクセサリーに使われるくらいですから，輝きが違いますね．

先生：銀の光の反射率が94％と金属の中で最も高く，(問2)<u>空気中の酸素とも反応しにくいから</u>，その輝きが長い間保たれるわけだよ．

W君：ところが先生，この銀のスプーンは黒っぽくなっているのですが．

先生：これは火山列島の宿命だよ．(問3)<u>火山ガスに含まれるゆで卵に似た匂いのする気体(A)が反応して(B)ができたためだよ</u>．

W君：銀は写真にも使われていますね．

先生：写真フィルムの感光剤としてハロゲン化銀が用いられ，なかでも臭化銀がよく使われているようだね．臭化銀は光によって分解し，銀を析出するという性質を利用している．現像液との反応により露光した部分の銀の粒子は成長し，像が現れる．さらに，(問4)未感光の臭化銀をチオ硫酸ナトリウム水溶液で溶かし去ると，ネガができあがる．溶液から銀を回収すればまた使うことができる．

銀に硝酸を反応させて蒸発乾固させれば固体(問5)(C)が生成する．W君，その固体(C)を水に溶かし，試験管に入れて少量のアンモニア水を加えるとどうなるかな．

W君：銀を含む化合物としては(問5)(D)が生成すると思います．

先生：それに過剰のアンモニア水を加えると，(問5)(E)が生成するから，続けて(問6)有機化合物(F)を加えれば，もう一度銀の析出が見られるはずだ．

問1　銀の結晶は，一辺の長さが 4.09×10^{-8} cm の面心立方格子である．銀結晶の密度を計算しなさい．主な計算式も示しなさい．

問2　乾燥した空気とは強熱しても反応しない金属を銀以外に2種類あげ，それらの元素記号を書きなさい．

問3　(A)と(B)に最も適合する物質の化学式を示しなさい．

問4　下線部の化学反応式を示しなさい．

問5　(C)〜(E)に最も適合する物質の化学式を示しなさい．

問6　(F)に適合する物質を3つあげ，それらの化合物名を書きなさい．

(早稲田大 理工)

(解答・解説)

問1　面心立方格子には，何コの銀元素が含まれているかというと，格子の8箇所の隅に$\frac{1}{8}$コずつ，6枚の面に$\frac{1}{2}$の計4コ．

銀の分子量は108だから，密度をd，アボガドロ数をN_Aとすると，

$(4.09 \times 10^{-8})^3 \times d \div 4 \times N_A = 108$

∴　$d = 10.49 \doteqdot 10.5 \mathrm{g/cm^3}$

問2　イオン化傾向が銀より小さい金属を2つ答えればOKですから…Pt，Au

問3　腐卵臭といえばH_2S，銀にH_2Sを作用させると…

A：H_2S　　B：Ag_2S

問4　チオ硫酸ナトリウムの化学式は$Na_2S_2O_3$です．

$AgBr + 2Na_2S_2O_3$
$\rightarrow Na_2[Ag(S_2O_3)_2] + NaBr$

問5　C：$AgNO_3$

D：Ag_2O

E：$[Ag(NH_3)_2]OH$

問6　銀鏡反応をさせればいいので

ホルムアルデヒド，アセトアルデヒド，ギ酸　　　■

21.2　Fe

　金銀銅とくれば，もう1つのお馴染みの金属である鉄でしょうか．鉄も遷移元素の仲間で，2+になったり3+になったりします．

2価の化合物で代表例は$FeSO_4$でしょうか．鉄の単体（Fe）に希硫酸を混ぜるとH_2を発生しながら溶け$FeSO_4$となります．

一方3価の方は自然界にも鉄の原料として存在するFe_2O_3が代表例です．Fe_2O_3は赤鉄鉱といって，これにC（コークス）と空気から生じたCOで還元してFeを生成します．ちなみにFeは

ほっておくとサビてしまいますが、この赤鉄鉱はサビ止め用のペンキにも用いられます。…でサビの正体は、というと、$Fe_2O_3 \cdot nH_2O$ です。「サビをもってサビを制す」といったワケです。

2価のFeと3価のFeの違いは化合物の色にあります。酸化物のFeO（黒色）、Fe_2O_3（赤褐色）、水酸化物の$Fe(OH)_2$（緑白色）、$Fe(OH)_3$（赤褐色）などです。

ところが2価と3価で色の変わらない化合物もあります。FeS（黒色）、Fe_2S_3（黒色）などです。

そもそもイオンの色はFe^{2+}（淡緑色）、Fe^{3+}（黄褐色）です。イオンの反応で特徴的なものを表にしました。

	Fe^{2+}（淡緑色）	Fe^{3+}（黄褐色）
OH^-	$Fe(OH)_2$（緑白色）	$Fe(OH)_3$（赤褐色）
S^{2-}	FeS（黒色）	Fe_2S_3（黒色）
$K_4[Fe(CN)_6]$	青白色の↓	濃青色の↓
$K_3[Fe(CN)_6]$	濃青色の↓	褐色溶液
KSCN	（−）	赤血色溶液

（$K_4[Fe(CN)_6]$：黄色，$K_3[Fe(CN)_6]$：赤色）

―― 例題21-2 ――

次の記述について、設問(1)〜(4)に答えよ。

酸素原子は、ア 個の電子を受け取ってイオン化し、価電子数が イ 個である ウ 原子と同じ電子配置になりやすい。一方、原子番号13の元素は、元素記号が エ と書かれる金属元素であり、地殻中に3番目に多く含まれている。この元素の酸化物 オ は、半導体集積回路の基板等の材料として

も多用されている．

酸化還元反応は酸素分子が直接に関与しなくても起きる．このことを次の例で考えてみよう．第4周期8族の元素Feは，①族が変わっても化学的性質が比較的類似している カ 元素の代表例である．Feを最大限に酸化させた化合物と エ の粉末とを混ぜて着火すると，②大きな発熱を伴う反応が起きてFeの単体が遊離する．その際，③Feの酸化数が反応を通じて変化，しFeは キ されたことになる．

(1) 空欄ア〜オには適当な数字，元素記号，または化学式を，空欄カとキには適当な語句を入れて文章を完成させよ．
(2) 下線部①の原子が一般にとりうる価電子数をすべて示せ．
(3) 下線部②の化学反応式を示せ．
(4) 下線部③における反応前後のFeの参加数の変化を示せ．

(名古屋大)

(解答・解説)
(1) ア：2 イ：0 ウ：Ne エ：Al オ：Al_2O_3 カ：遷移 キ：還元
(2) 1，2
(3) $2Al + Fe_2O_3 \rightarrow Al_2O_3 + 2Fe$
(4) $+3 \rightarrow 0$

21.3 CrとMn

狙われる遷移元素も残すところCrとMnくらいなものです．ともに単体は銀白色をしています．Crは空気中では酸化されに

くいのに対し，Mn は酸化されます．

ともにさまざまな酸化数をとるのが特徴です．酸化物から見ていくことにしましょう．

MnO_2 は黒色で，酸性下で，電子を受け取って（＝相手を酸化して）Mn^{2+} となります．

もう1つ Mn には酸化物が存在します．7価の Mn_2O_7 です．一般に<u>金属は酸化数が大きくなると，塩基性が弱まり，酸性が強くなってきます</u>（だから金属由来の酸はあまり目にしない）．

Mn_2O_7 は酸化数が7と大きいため酸性の酸化物です．水に溶けて過マンガン酸を生じます．

Cr の方は CrO_3（Cr：6価）が代表的な酸化物で，やはり酸性です．

酸化還元反応でお馴染みの過マンガン酸カリウム，二クロム酸カリウム，おまけでクロム酸カリウムについて学びましょう．

過マンガン酸カリウム $KMnO_4$ の結晶は黒紫色をしていて滴定でもやったように，溶液にすると色味が薄くなって，赤紫色を示します．

液性を中性 － アルカリ性にしてやると，半反応式は

$$MnO_4^- + 2H_2O + 3e^- \rightarrow MnO_2 + 4OH^- \quad :MnO_2（褐色）$$

酸性では，

$$MnO_4^- + 8H^+ + 5e^- \rightarrow Mn^{2+} + 4H_2O$$

となり，これはもうお馴染みですネ．

二クロム酸カリウム $K_2Cr_2O_7$ とクロム酸カリウム K_2CrO_4 は Cr 1コの違いですが，色味が結構違うので厄介です．二クロム酸カリウムは二クロム酸イオンの色である赤橙色，クロム酸カリウム

はクロム酸イオンの色の黄色をしています。クロムが多い方が濃い色をしていると覚えておけば OK です。

実は

$$2\mathrm{CrO_4^{2-}} + \mathrm{H_2O} \rightleftharpoons \mathrm{Cr_2O_7^{2-}} + 2\mathrm{OH^-} \quad \cdots ①$$

となっています。クロム酸イオンを含む溶液を酸性に傾けると平衡が右へ移動するので溶液の色は赤っぽくなってきます。逆に塩基性に傾ければ、溶液の色は黄っぽくなってくるというわけです。両イオンともある種の金属イオンと有色の沈殿反応を起こします。下の表を見てください。

	$\mathrm{CrO_4^{2-}}$	$\mathrm{Cr_2O_7^{2-}}$
$\mathrm{Ba^{2+}}$	黄色	
$\mathrm{Pb^{2+}}$	黄色	
$\mathrm{Ag^+}$	赤褐色	

表の右は敢えて空欄にしておきました。理由が分かりますか？ ①の平衡の式からも分かるように、水溶液中に $\mathrm{CrO_4^{2-}}$ が存在すれば $\mathrm{Cr_2O_7^{2-}}$ が存在し、逆もまた然りなので、クロム酸イオン、二クロム酸イオンのどちらの水溶液を金属イオンに加えても、結局、表の左の色の沈殿が生じてしまいます。

今回のまとめ・覚えるべきこと

- 金銀銅は同族元素
- Ag，Cu の有色の化合物
- Fe の有色の化合物
- クロム酸イオン $\rightleftharpoons$ 二クロム酸イオン

第22講 無機化学(5)
── 工業化学

その名の通り工場での化学のことで，費用対効果を重んじて考えられた過程で化合物が製造されます．

最近はリサイクルが盛んに叫ばれていますが，工業化学でもその過程の途中で生成した物質をなるべく回収して再利用することが多いです．

作り手だってリサイクルして作っているワケですから使い手だってリサイクルに協力するのが筋だとは思いませんか．

「混ぜればゴミ，分ければ資源」

22.1 アルカリ化学

アルカリの代表例といえば，NaOH と NH_3 の2つでしょう．

NaOH 水酸化ナトリウム

食塩水（NaClaq）を電気分解する方法で NaOH，Cl_2，H_2 を製造しています．原料の食塩水は海水からタダでいくらでも取れますネ．念のため，陽・陰極でのイオン反応を見ておくと…「陽極泥」（→陽極は溶ける＝電子を出す，でした）

陽極：$2Cl^- \to Cl_2 + 2e^-$

陰極：$2H_2O + 2e^- \to H_2 + 2OH^-$

陽極では上記の様に塩素が発生し，塩素は水に溶ける気体ですか

ら，塩酸 HCl が発生します．すると陰極で出来た NaOH を中和（$Cl_2 + 2NaOH \rightarrow NaCl + NaClO + H_2O$ と考えても良いです）してしまうので，陽極と陰極とは物理的に分けておかなくてはいけません．そこで，両極の間を**隔膜**か，**陽イオン交換膜**で仕切っておきます．

NH_3 アンモニア

ハーバー Harber 法

空気から取り出された N_2 と水の分解などで生じた H_2 を 1:3 で触媒下で，約500°C，200〜500気圧の下で反応させて NH_3 を製造する方法のことをいいます．

$$N_2 + 3H_2 \rightleftharpoons 2NH_3 (+92.0) kJ$$

上の平衡式からできるだけ高圧にし（分子数の少ない方へ（＝右）へ）できるだけ低温に（温度を上げる方（＝右）へ）した方が効率が良さそうですが，500°Cにして反応させるのは反応速度をある程度大きくして効率を保つためです．

Na_2CO_3 炭酸ナトリウム

アルカリの代表例ではないのですが，工業化学の代表なので要 check で，**アンモニアソーダ法**，**ソルベー Solvay 法**と呼ばれます．NaCl（岩塩や海水から取り出せます）と $CaCO_3$（石灰石）から Na_2CO_3 を合成します．机上で考えると，

$$2NaCl + CaCO_3 \rightarrow Na_2CO_3 + CaCl_2$$

と単純そうですが，アンモニアソーダ法の特徴は副生成物が効率よく再利用されていることです．

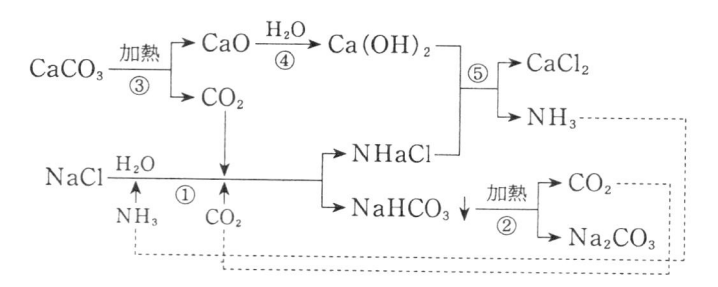

```
CaCO₃ ─加熱③→ CaO ─H₂O④→ Ca(OH)₂ ─⑤→ CaCl₂
                ↓                        ↓
                CO₂                      NH₃
NaCl ─H₂O/①→ ──→ NH₄Cl
    ↑  ↑      ──→ NaHCO₃ ↓加熱②→ CO₂
   NH₃ CO₂                        Na₂CO₃
```

① $NaCl + H_2O + NH_3 + CO_2 \rightarrow NaHCO_3 + NH_4Cl$

② $2NaHCO_3 \rightarrow Na_2CO_3 + H_2 + CO_2$

③ $CaCO_3 \rightarrow CaO + CO_2$

ここで生成した CO_2 と②で生成した CO_2 を回収して①に用います.

④ $CaO + H_2 \rightarrow Ca(OH)_2$

⑤ ①で出来た NH_4Cl と,④の $Ca(OH)_2$ で,

$$2NH_4Cl + Ca(OH)_2 \rightarrow CaCl_2 + 2H_2O + 2NH_3$$

やはり生成したアンモニアは①に再利用されます.

以上の反応をまとめると,

$2NaCl + CaCO_3 \rightarrow Na_2CO_3 + CaCl_2$ と先程「机上」と言った反応になります.

ちなみに,①で生成した NH_4Cl はそのまま化学肥料としても利用されます.

22.2 無機酸工業

HNO₃ 硝酸

アンモニアを空気酸化して硝酸を得ます.オストワルト

Ostwald 法と呼ばれます. 次の様な過程です.
① アンモニアを白金網（触媒です）に空気とともに高温にして通します.
$$4NH_3 + 5O_2 \rightarrow 4NO + 6H_2O$$
② 生じた NO を空気にさらして酸化させ
$$2NO + O_2 \rightarrow 2NO_2$$
③ NO_2 を温水に溶かして硝酸にする.
$$3NO_2 + H_2O \rightarrow 2HNO_3 + NO$$
ここで生成した NO はやはり空気で酸化し NO_2 となり再利用されます.
まとめて一つの式にすると, $\frac{1}{4}(① + ② \times 3 + ③ \times 2)$
$$NH_3 + 2O_2 \rightarrow HNO_3 + H_2O$$

---- 例題22-1 ----

必要があれば以下の数値を用いよ.
$$\log_{10}2 = 0.30 \quad \log_{10}3 = 0.48 \quad \log_{10}7 = 0.85$$
次の文章を読み, 以下の問ア～エに答えよ.
代表的な窒素酸化物に一酸化窒素と二酸化窒素がある. ①二酸化窒素は, 実験室では銅に希硝酸を反応させて作られる無色の気体である. 驚くべきことに, 生体内でも一酸化窒素は, アミノ酸の一つであるアルギニンを原料に合成されている. こうして生成された②一酸化窒素は血管拡張や神経伝達に深く関与する物質であることが, 近年明らかになった. 血管拡張作用の発見に対し, 1998年には, ノーベル賞が3人の研究者に贈られた.

一方，二酸化窒素は銅に濃硝酸を反応させて作られる赤褐色の気体である．二酸化窒素は大気汚染物質の一つとして敬遠されているが，これは二酸化窒素に刺激性があり，③冷水に溶けると硝酸と亜硝酸（HNO_3）が生じ，酸性雨の一因となるためである．

硝酸は肥料，染料，化学繊維，爆薬などの重要な工業原料であり，工業的にはオストワルト法で合成されている．この方法でも一酸化窒素と二酸化窒素は重要な中間生成物となっている．まず，④アンモニアと空気の混合気体が，約800℃に加熱した白金網に通され，一酸化窒素が生成する．次に⑤二酸化窒素は酸素との反応により二酸化窒素に変換されるが，平衡反応であるために，反応気体を140℃以下に冷却する必要がある．⑥二酸化窒素を温水に溶かすと硝酸とともに一酸化窒素が生成する．一酸化窒素は回収され，⑤と⑥の反応を経て，硝酸に変換される．

[問]

ア　アンモニアと硝酸における窒素の酸化数を記せ．

イ　下線部①，③，⑤の化学反応式を書け．

ウ　下線部⑥の反応における酸化剤と還元剤を化学式で答えよ．

エ　下線部②の血管拡張作用は，一酸化窒素が，あるタンパク質の鉄イオンに結合することにより発揮される．これと同様に，血液中の酸素輸送タンパク質であるヘモグロビン中の鉄イオンに強く結合して，酸素との結合を阻害することより毒性を示す．排気ガス中の物質がある．

そのうち一酸化窒素以外の二原子分子の化学式を1つ書け.
(東京大)

(解答・解説)

ア サービス問題でしょうか
NH_3：-3, HNO_3：$+5$

イ① これも既に勉強しました.
$Cu \to Cu^{2+} + 2e^-$
$HNO_3 + 3H^+ + 3e^-$
$\to NO + 2H_2O$
∴ $3Cu + 8HNO_3$
$\to 33Cu(NO_2)_2$
$+ 4H_2O + 2NO$

③ $2NO_2 + H_2O$
$\to HNO_3 + HNO_2$

④ 半反応式から作りましょう.
$NH_3 + H_2O$
$\to NO + 5H^+ + 5e^-$
$O_2 + 2H^+ + 4e^- \to 2OH^-$
∴ $4NH_3 + 5O_2$
$+ 4H_2O + 10H^+$
$\to 4NO + 20H^+$
$+ 10OH^-$
e^- を消して,

$4NH_3 + 5O_2$
$\to 4NO + 6H_2O$

⑤ これはカンタン.
$2NO + O_2 \to 2NO_2$

ウ 反応は
$3NO_2 + H_2O \to 2HNO_3 + NO$
ですから, NO_2 は還元されてもいるし, 酸化されてもいます. よって,
酸化剤：NO_2,
還元剤：NO_2

エ これは知識問題です.
一酸化窒素中毒になるとCOHb (Hb：ヘモグロビン) というヘモグロビンが出来, COとHbの親和性がとても強い (O_2 に比べて200倍) ので, 貧血を呈します. 他の低酸素血症と異なるのは, 一酸化炭素中毒の特徴は頭痛, 悪心が顕著であること, 呼吸が刺激されないこと, です. す

ると酸素が体で足りないのに呼吸の回数が増えないのでひどい場合, 死に至ります. よく映画なんかで車にホースを引き込んで…というシーンがこれです. 聞いた話ですが死ぬというより生きるのやめるといったカンジだとか… ■

H_2SO_4 硫酸

黄鉄鉱 FeS_2 や温泉などに含まれる硫黄から SO_2 を作ることで硫酸が作られます.

黄鉄鉱 FeS_2 を原料とする製造法には**接触法**と呼ばれます.

① 黄鉄鉱を焼く

$$4FeS_2 + 11O_2 \rightarrow 2Fe_2O_3 + 8SO_2$$

② SO_2 を酸化バナジウムを用いて空気酸化する

$$2SO_2 + O_2 \rightleftharpoons 2SO_3$$

この反応は発熱反応なので低温の方が理論的には効率が良さそうですが, ハーバー法と同じ理由から工業的には400℃くらいで行います.

③ SO_3 を濃硫酸に吸収させ (**発煙硝酸**) 希硝酸で薄めて濃硝酸にします. ここで, 直接水に溶かさないのは反応熱で一部蒸発して損だからです.

$$SO_3 + H_2O \rightarrow H_2SO_4$$

22.3 金属の製錬

Al アルミニウム

アルミニウムは1円玉や銀ラップなどに多用されますが, 原材料はボーキサイト ($Al_2O_3 \cdot nH_2O$) から得た Al_2O_3 を融解電解 ($\rightarrow 2Al^{3+} + 3O^{2-}$) して, Al の単体が得られます.

Cu 銅

これは電気分解の回で一度やりました.
陽極に粗銅を,陰極に純銅を用いて電気分解(これを**電気精錬**といいます.)

Fe 鉄

鉄の鉱石には赤鉄鉱 Fe_2O_3,磁鉄鉱 Fe_3O_4,褐鉄鉱 $Fe_2O_3 \cdot nH_2O$ などがありますが,コークス C の燃焼によって生じた CO によって鉄鉱石を還元させて得られます.(こうして得られた鉄は炭素を多く含む銑鉄です.)この銑鉄に酸素を吹き込むみ炭素を燃焼させて強くした**鋼鉄**にします.

例題22-2

鋼鉄の主要な製錬法である高炉―転炉法(図1を参照)に関して,簡略化した原理を以下に示す.

まず,鉄鉱石(すべて FeO_3 とする)を溶鉱炉(高炉)で炭素を用いて還元する.溶鉱炉中では①炭素と Fe_2O_3 が接触し,固体鉄と二酸化炭素ガスを精製する反応と,溶鉱炉下部から吹き込まれた空気中の②酸素ガスと炭素が反応して一酸化炭素ガスを生成し,その一酸化炭素ガスが Fe_2O_3 を還元して固体鉄を生成する反応が起きている.さらに,③固体熱に炭素が融解して,炉底に炭素を含む融解鉄(銑鉄)ができる.

次に,得られた④銑鉄を転炉内で酸素ガスと反応させることにより,この銑鉄中の炭素を取り除き,純粋な鉄を得る.

下線部①~④に関する問ア~オに答えよ.なお,下線①の反応では一酸化炭素ガスは生成せず,下線部②の反応では生成

した一酸化炭素ガスはすべて Fe_2O_3 の還元反応に使われるものと仮定する．また，両反応過程での Fe_3O_4 や FeO の生成は考えない．気体は全て理想気体とし，気体定数を 0.082 $l\cdot atm\cdot K^{-1}mol^{-1}$ であるとする．必要ならば，以下のデータを用い，有効数字2桁で解答せよ．結果だけでなく，途中の考え方や式も示せ．

原子量　C：12.0　O：16.0　Fe：55.8

4Fe(固体)＋3O_2(気体)＝2Fe_2O_3(固体)＋1630kJ

C(固体)＋O_2(気体)＝CO_2(気体)＋390kJ

上記の熱化学方程式は温度に依存しないものとする．

[問]

ア　下線部①，②で炭素，酸素ガスおよび Fe_2O_3 から固体鉄を生成する過程を，それぞれ一つの化学反応式で示せ．

イ　上問アで導いた2つの化学反応式をそれぞれ熱化学方程式にせよ．また，各反応で固体鉄2232kgが生成する場合，それぞれ何kJの吸熱または発熱がみられるか．

ウ　下線部①および②の反応により生成する熱の40％が固体鉄の温度を1500℃に上昇させるのに使われる．固体鉄1.0モルの温度を1500℃に上昇させるのに必要な熱量は57kJである．生成する固体鉄の何％が下線部①の反応によるものか．

エ　鉄の融解は1536℃であるにもかかわらず，下線部③ではそれより低い温度で融解が始まる．その理由を2行以

内で述べよ．

オ　下線部④で，1000kgの銑鉄（炭素を重量比で4.0％含む）に酸素ガスを反応させると，一酸化炭素ガスと二酸化炭素ガスが1：1の体積比で発生した．この時，銑鉄中の炭素をすべて除去するために用いられた酸素ガスは2.0atm，27℃では何lか．

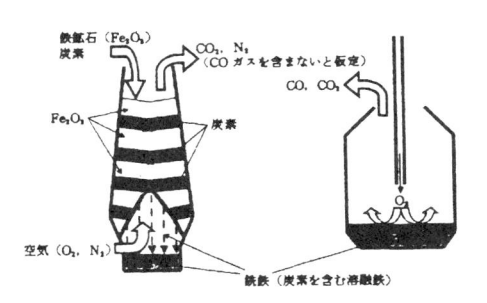

図1　［左］溶鉱炉（高炉）および［右］転炉

(東京大)

(解答・解説)

ア

① $2Fe_2O_3 + 3C \rightarrow 4Fe + 3CO_2$

② 一酸化炭素は，
$2C + O_2 \rightarrow 2CO$
これと Fe_2O_3 との反応は，
$2Fe_2O_3 + 6C + 3O_2$
$\qquad \rightarrow 4Fe + 6CO_2$

イ

① エネルギー図は

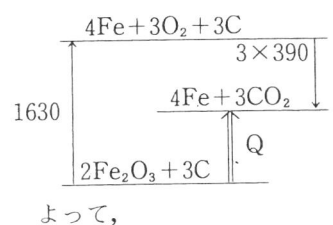

$$\begin{array}{c} 4Fe+3O_2+3C \\ \Big\downarrow 3\times 390 \\ 4Fe+3CO_2 \\ \Big\uparrow Q \\ 2Fe_2O_3+3C \end{array}$$

1630

よって，

$2Fe_2O_3(固) + 3C(固)$
$= 4Fe(固) + 3CO_2(気) - 460kJ$

なので，
$$\frac{2232\times10^3}{55.8}\times\frac{460}{4}$$
$$=4.6\times10^6\,\mathrm{kJ}\text{ の吸熱}$$

②エネルギー図を書くと，

```
       4Fe+3O₂+3C₂+3C
1630 ┌─────────────────┐
     │ 2Fe₂O₃+6C+3O₂   │ 6×390
     │        ↓        │
     ↓    4Fe+6CO      ↓
```

よって，
$2Fe_2O_3(固)+6C(固)$
$\qquad\qquad\qquad+3O_2(気)$
$\qquad=4Fe(固)$
$\qquad\qquad+6CO_2(気)+710\,\mathrm{kJ}$

なので，
$$\frac{2232\times10^3}{55.8}\times\frac{710}{4}$$
$$=7.1\times10^6\,\mathrm{kJ}\text{ の発熱}$$

ウ ①による分が x％とすると，固体鉄は1.0molについて
$$\left(\frac{460}{4}\times\frac{x}{100}+\frac{710}{4}\right.$$
$$\left.\times\frac{100-x}{100}\right)\times\frac{40}{100}$$
$$=57\,\mathrm{kJ}$$

これを解いて，

$x=11.9\fallingdotseq 12\%$

エ 融解が低い温度で始まるということは凝固点が下がるということです．このような現象はいわゆる凝固点降下です．その原因は…炭素が溶け込んだために凝固点降下が起こったため

オ $C+\frac{1}{2}O_2\to CO$

$C+O_2\to CO_2$ で，
CO と CO_2 が1:1で発生するのだから，2molのCと1.5molのO_2が反応するので，1000kgの銑鉄中にはCが

$$1000\times10^3\times\frac{40}{100}\frac{1}{12.0}=\frac{10^5}{3}$$

mol含まれるからO_2は

$$\frac{10^5}{3}\times1.5/2\,\mathrm{mol}.\text{ これが}$$

2.0atm，27℃なら体積は状態 eq. $pV=nRT$ から

$$\frac{10^5}{3}\times1.5/2\times0.082$$

$$\times (273+27)/2.0 = 3.07 \times 10^4 \fallingdotseq 3.1 \times 10^4 l \quad \blacksquare$$

--- 今回のまとめ・覚えるべきこと ---

- ハーバー法
- ソルベー法
- オストワルト法
- 鉄の精錬

第23講　無機化学(6)
——イオン分析と沈殿

習うより慣れろの範囲なので，早速問題に取り組みましょう．

―― 例題23-1 ――

次の文章を読み問いに答えよ．

Ag^+，Al^{3+}，Cu^{2+}，Fe^{3+} のうち幾種類かの金属イオンを含む水溶液がある．この水溶液に塩酸を加えると沈殿Aが生じたので，この沈殿をろ別した．次にそのろ液に硫化水素を十分に吹き込み生じた沈殿もろ別した．その後，まず，ろ液を十分に煮沸した．次に ａ硝酸を加え煮沸したのち，水酸化ナトリウム水溶液を過剰に加えると沈殿Bが生じた．

(1) 沈殿A及びBの生成反応を化学反応式で表現せよ．

(2) 下線部 a で硝酸を加え煮沸したのはなぜか．理由を科学反応式を用いて簡潔に説明せよ．

(3) Al の電子配置を書け（たとえば，He の場合であれば，K^2 と記す）．

(4) Ag，Al，Cu，Fe のうち遷移元素に分類される元素があれば記せ．

(5) 単体のアルミニウムを酸化アルミニウムの融解塩電解法によって製造するには，酸化アルミニウム 1.00kg あ

たり理論上何クーロン(C)の電気量を必要とするか．

(慶應大 医)

(解答・解説)

まず flow chart を描きます．

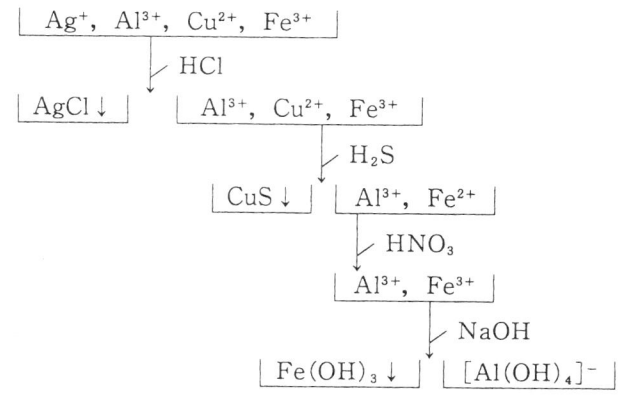

```
        | Ag⁺, Al³⁺, Cu²⁺, Fe³⁺ |
                    ↓ HCl
 | AgCl↓ |    | Al³⁺, Cu²⁺, Fe³⁺ |
                          ↓ H₂S
         | CuS↓ |    | Al³⁺, Fe²⁺ |
                              ↓ HNO₃
                      | Al³⁺, Fe³⁺ |
                              ↓ NaOH
                | Fe(OH)₃↓ |   | [Al(OH)₄]⁻ |
```

(1) A：$Ag^+ + Cl^- \rightarrow AgCl$

  B：$Fe^{3+} + 3OH^- \rightarrow Fe(OH)_3$

(2) flow chart には細かく書いたのですが，硫化水素には還元性があるので，Fe^{3+} が Fe^{2+} になっています．これに硝酸を加えたらどうなるかを化学反応式を用いて説明すればよいワケです．

  $NO_3^- + 4H^+ + 3e^- \rightarrow NO + 2H_2O$

  $Fe^{3+} \rightarrow Fe^{2+} + e^-$ なので…

  $3Fe^{2+} + NO_3^- + 4H^+$
  $\rightarrow 3Fe^{3+} + NO + 2H_2O$

  と還元された Fe^{3+} を元に戻すため．

(3) Al：$K^2L^8M^3$

(4) Ag，Cu，Fe

(5) 酸化アルミニウム Al_2O_3（分子量102）から Al を得るイオン反応式は

  $Al_2O_3 + 6H^+ + 6e^-$
  $\rightarrow 2Al + 3H_2O$

なので，
Al₂O₃ 1.00kg なら

$$1 : 6 = \frac{1.00 \times 10^3}{102} : \frac{x}{96500}$$

∴ $x = 5.676 \times 10^6$

∴ $5.68 \times 10^6 \text{C}$ ∎

── 例題23-2 ──

Na⁺，Ag⁺，Zn²⁺，Ba²⁺，Fe³⁺ イオンを含む硝酸水溶液がある．この溶液を用いて以下に示す実験(1)～(5)を行い，各イオンを分離した．これらの実験結果を読んで，問1～問6に答えよ．ただし，計算問題は計算過程を示し，有効数字3桁で解答せよ．

(1) この溶液に硫化水素を吹き込むと，沈殿〔ア〕が生成した．ろ過によって分離した沈殿は，硝酸を加えて過熱すると溶解した．この溶液にアンモニア水を加えていくと，はじめに〔イ〕が沈殿するが，さらに加えるとイオン〔ウ〕を生じて溶けた．

(2) 沈殿〔ア〕を分離したろ液を，いったん煮沸により硫化水素を除いてから①濃硝酸を数滴加え，さらにアンモニア水を加えると沈殿〔エ〕が生成した．ろ過によって分離した沈殿を塩酸で溶かし，イオン〔オ〕を含む水溶液を加えると濃青色沈殿を生じた．

(3) 沈殿〔エ〕を分離したろ液に硫化水素を吹き込むと〔カ〕が沈殿した．

(4) 沈殿〔カ〕を分離した②ろ液に硫酸を加えると〔キ〕が沈殿した．

(5) 沈殿〔キ〕が分離したろ液中にイオン〔ク〕が残っていることを，〔ケ〕の実験で確認した．

問1 沈殿〔ア〕と〔イ〕，イオン〔ウ〕を化学式で示せ．

問2 ①の下線で示した操作はどのような目的で行うのか．30字程度で書け．また，沈殿〔エ〕とイオン〔オ〕を化学式で示せ．

問3 沈殿〔カ〕を化学式で示せ．

問4 沈殿〔キ〕を化学式で示せ．

問5 難溶性塩である沈殿〔キ〕では，水に溶けて電離している状態における陽イオンと陰イオンの濃度の積 (K_{sp}) が常に一定であり，$K_{sp} = 1.11 \times 10^{-10} (\text{mol}/l)^2$ と求められている．②の下線で示した操作で得た溶液の体積を $0.100 l$ とし，硝酸イオンの濃度を 1.00×10^{-5} mol/l であるとする．もし，溶液の体積が同じで，硫酸イオン濃度を 1.00×10^{-3} mol/l と高濃度にすれば，さらに何gの〔キ〕が析出するかを求めよ．ただし，溶液中の他のイオン種は，K_{sp} の値に影響を及ぼさないものとする．

問6 イオン〔ク〕を化学式で示せ．また，実験〔ケ〕の名称を記し，どのような操作を行い，どのような現象が起こることによってイオン〔ク〕の判定が行えるかを30字程度で書け．

(大阪大)

(解答・解説)
やはり flow chart を描きます．

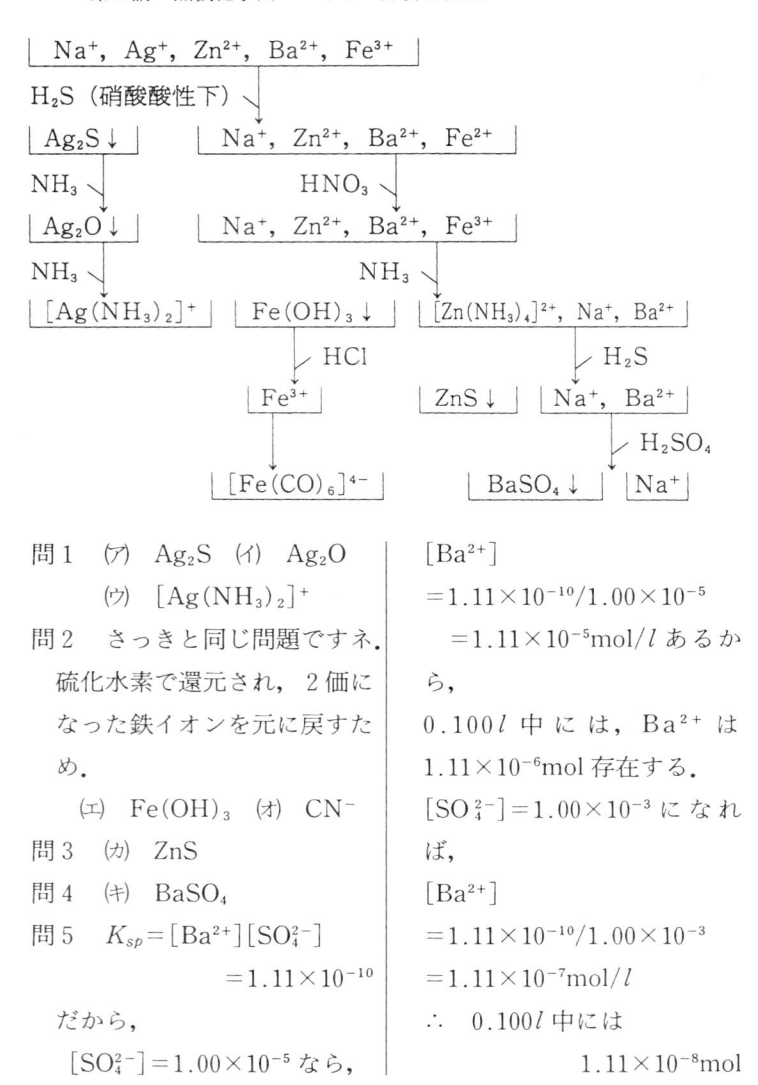

第23講 無機化学(6)──イオン分析と沈殿

```
| Na⁺, Ag⁺, Zn²⁺, Ba²⁺, Fe³⁺ |
H₂S（硝酸酸性下）↓
| Ag₂S↓ |   | Na⁺, Zn²⁺, Ba²⁺, Fe²⁺ |
NH₃ ↓              HNO₃ ↓
| Ag₂O↓ |   | Na⁺, Zn²⁺, Ba²⁺, Fe³⁺ |
NH₃ ↓                      NH₃ ↓
| [Ag(NH₃)₂]⁺ | | Fe(OH)₃↓ |   | [Zn(NH₃)₄]²⁺, Na⁺, Ba²⁺ |
                    ↓ HCl              ↓ H₂S
                  | Fe³⁺ |        | ZnS↓ | | Na⁺, Ba²⁺ |
                    ↓                            ↓ H₂SO₄
               | [Fe(CO)₆]⁴⁻ |        | BaSO₄↓ | | Na⁺ |
```

問1　(ア) Ag_2S　(イ) Ag_2O
　　　(ウ) $[Ag(NH_3)_2]^+$

問2　さっきと同じ問題ですネ. 硫化水素で還元され, 2価になった鉄イオンを元に戻すため.
　　　(エ) $Fe(OH)_3$　(オ) CN^-

問3　(カ) ZnS

問4　(キ) $BaSO_4$

問5　$K_{sp} = [Ba^{2+}][SO_4^{2-}]$
　　　　　　$= 1.11 \times 10^{-10}$

だから,

　$[SO_4^{2-}] = 1.00 \times 10^{-5}$ なら,

　$[Ba^{2+}]$
　$= 1.11 \times 10^{-10}/1.00 \times 10^{-5}$
　$= 1.11 \times 10^{-5}$ mol/l あるから,

0.100l 中には, Ba^{2+} は 1.11×10^{-6} mol 存在する.

$[SO_4^{2-}] = 1.00 \times 10^{-3}$ になれば,

　$[Ba^{2+}]$
　$= 1.11 \times 10^{-10}/1.00 \times 10^{-3}$
　$= 1.11 \times 10^{-7}$ mol/l

∴　0.100l 中には
　　　　　　1.11×10^{-8} mol

∴ 析出したのは
1.11×10⁻⁶−1.11×10⁻⁸mol
BaSO₄の分子量は233.1だから
(1.11×10⁻⁶−1.11×10⁻⁸)×233.1=2.56×10⁻⁴g

問6 (ク) Na⁺ (キ) 炎色反応
白金耳にろ液をつけ，ガスバーナーの炎に入れると黄色に呈色する．

主な沈殿の組み合わせを表にまとめました．（次ページ）

── 例題23-3 ──

次の文章を読み，問1〜問3に答えよ．

4種類の水溶液A，B，CおよびDがある．それぞれの水溶液には1種類の異なる金属イオンが溶けているが，溶けている金属イオンの種類がわからなくなってしまった．また，溶けている金属イオンはカリウム，マグネシウム，バリウム，亜鉛，鉄，銅，銀の7種類のイオンのいずれかであり，金属イオンの濃度はいずれも0.20mol/lであることはわかっている．これらの水溶液については，以下の実験1〜実験4の結果を得た．

実験1：溶液A〜溶液Dに少量の希塩酸を加えたところ，溶液Aだけが白色の沈殿を生じ，この沈殿はアンモニア水を加えると溶解した．

実験2：あらためて溶液Aの20mlをとり，これに6.0mol/lの水酸化ナトリウム水溶液を1.0ml加え，生じた暗褐色の沈殿をろ過して水洗後，乾燥した．この沈殿を水素気流中で加熱したところ，金属aを得た．

実験3：有色の溶液Bと無色の溶液Cにそれぞれ水酸化ナトリウム水溶液を加えた．すると溶液Bは赤褐色の沈殿

を生じた．一方，溶液Cは白色の沈殿を生じたが，この沈殿にさらに多量の水酸化ナトリウム水溶液を加えると沈殿は再び溶解した．

実験4：溶液Dに少量の希硫酸を加えたところ，白色の沈殿を生じた．この沈殿は，希塩酸を加えてもほとんど溶けなかった．

問1．溶液A～溶液Dに含まれている金属イオンの化学式を例にならって示せ．

（例：Na^+）

問2．実験2の操作中，誤って沈殿をこぼしてしまった．残った沈殿から金属aを回収したところ，その重量は0.31gであった．今回の実験操作中における金属aの回収率は何％か．有効数字2桁で答えよ．ただし，回収率とは，こぼさなかった場合に得られる金属aの重量に対する実際に得られた金属aの重量の割合をいう．

問3．実験3において，下線部の反応式を示せ． （九州大）

（解答・解説）

次ページの沈殿対応表を見ながらやれば簡単ですネ．

問1．実験1：HClで沈殿を作るのは7種のうち，Ag^+だけ

　実験3：NaOHを加えて赤褐色の沈殿を作るのは$Fe(OH)_3$，一方少量のNaOHで白色沈殿，多量で溶解するのはZn^{2+}

　実験4：希硫酸で白色沈殿を生じるのはBa^{2+}

∴　A：Ag^+，B：Fe^{3+}，
　　C：Zn^{2+}，D：Ba^{2+}

問2．金属aは

273

	Cl⁻	SO₄²⁻	S²⁻ 酸性	S²⁻ 塩基性	OH⁻ 少量	OH⁻ NaOH多量	OH⁻ NH₃多量	CO₃²⁻	CrO₄²⁻
基本色	白	白			白	無色	無色	白	黄
Ba²⁺		○						○	○
Mg²⁺					○	変化無し	変化無し	不安定	
Al³⁺				○	○	[Al(OH)₄]⁻	変化無し		
Zn²⁺				○ (白色)	○	[Zn(OH)₄]²⁻	[Zn(NH₃)₄]²⁺		
Fe²⁺				○	○ (灰緑色)		変化無し	○ (灰色)	
Fe³⁺				○	○ (赤褐色)		変化無し		
Pb²⁺	○	○	○	○	○		変化無し		○
Cu²⁺			○	○	○ (青白色)	変化無し	[Cu(NH₃)₄]²⁺	○ (青緑色)	
Ag⁺	○		○	○	○ (赤褐色)	変化無し	[Ag(NH₃)₂]⁺	○ (黄色)	○ (赤褐色)
他	Hg₂Cl₂		CdS(黄色) HgS	MnS(淡赤色)					

Ag⁺→Ag₂O→Ag
0.20mol/l の Ag⁺ 20ml からは
Ag は 0.20mol/l×20ml
 ＝40mmol＝0.432g 得られ

るハズだから，
回収率は
0.31/0.432≒71.7%≒72%
問3．Zn(OH)₂＋2NaOH
 →Na²⁺＋[Zn(OH)₄]²⁻

今回のまとめ・覚えるべきこと

- イオン分析の流れ
- 沈殿生成のイオンの組み合わせ

第24講　高校化学と医学をつなぐ

最終講です．本講は"化学"に囚われることなく，医学，薬学に関連して高校生でも解る topic を取り上げていきたいと思います．
次の問題を眺めてください．

---- 例題24-1 ----

次の文章を読み，以下の問に答えよ．

動物体内の生理環境は，自律神経系と内分泌系相互の調節によって恒常性が保たれている．たとえば，血液中のグルコースは人の場合ほぼ0.1％に保たれている．<u>aグルコースは，すべての組織細胞で利用可能なエネルギー源である</u>．したがって，適量のグルコースが血液から各組織へ安定に供給されることは正常な生命活動を営む上で必須であり，そのためにも安定した血糖値の維持が重要となる．

血糖値が一定であるということは，グルコースの供給と消費の平衡が保たれることであり，<u>bこの調節には複数の酵素が関係している</u>．さらに，これら<u>c酵素活性の調節には多くのホルモンが関与していること</u>も明らかになっている．

問1　下線部aに関する次の文章の $\boxed{(ア)}$ 〜 $\boxed{(ク)}$ に適当な語句を入れよ．

グルコースの代謝は，細胞内へグルコースが取り込まれるところから始まり，(ア)と(イ)まで分解されるところで終わる．(ア)と(イ)への分解に至る間に，グリコーゲンとして一時貯蔵される分もあるが，結局すべてのグルコースが無酸素的な(ウ)系を経て，(エ)まで分解され，その後，(オ)回路に入り完全に分解される．(ウ)系と(オ)回路で生じた水素は，(カ)の内膜に存在する(キ)系という反応系において酸化され，この過程で遊離してくるエネルギーが生体内のエネルギー通貨といわれる(ク)の合成に利用される．

問2 下線部bに関連して次の問に答えよ．

生体触媒として働く酵素の活性（正確には反応の初速度）は，一般に基質の濃度と共に増加するが，増加の仕方には3種類ある．正常型（図1）と正の協同性（図2），それに負の協同性（図3）と呼ばれるものである．基質と酵素活性に関する以下の説明文のうち誤った記述を選び，番号を解答欄に記せ．

(1) 生体内の基質濃度は十分に飽和していることはまれであり，わずかな基質濃度変化によって起こる酵素活性の変動は大きいものと考えられる．

(2) 図1～3のそれぞれの反応において酵素活性を10から90に増加させるのに必要な基質濃度の差は，図3の基質濃度差＞図1の基質濃度差＞図2の基質濃度差という関係になる．

(3) 酵素活性は基質と化学構造の似ている物質が存在する

と低下することがあるが，このような阻害物質の働きは基質濃度が低いときよりは高いときにより強く現れる．
(4) 1つの基質分子の結合が複雑な立体構造を持つ酵素分子の構造や電子状態を変化させることがあるが，その変化が他の基質と酵素の結合形成を助けるように作用する場合には図2のような関係となる．

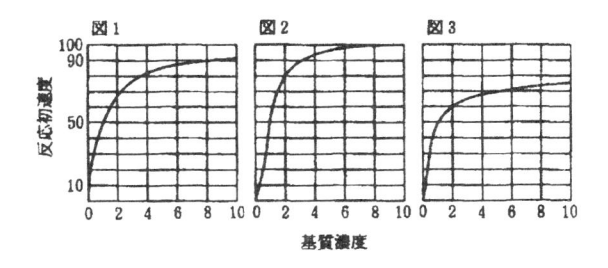

問3 下線部cに影響を与える種々の外的因子のうち，物理的・化学的因子をそれぞれ1つずつ記せ．

問4 下線部dに関する次の問に答えよ．

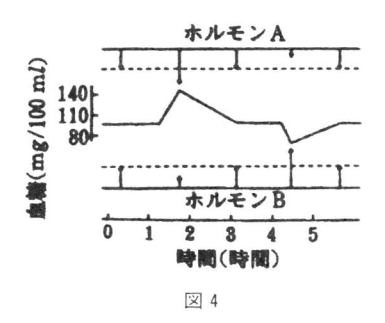

図4は，生体内の血糖値を折れ線グラフとして，また，

血糖値を調節するすい臓由来の2種類のホルモン分泌量を矢印の長さとしてそれぞれ示したものである．AとBのホルモン名を記せ．さらに，このグラフ上で糖質食の摂食時を推測し，もっともふさわしい時期を時間軸の0～5の数字で記せ． （北海道大 生物での出題）

(解答・解説)
問1 (ア) 二酸化炭素 (イ) 水 (ウ) 解糖 (エ) ピルビン酸 (オ) TCA（クエン酸） (カ) ミトコンドリア (キ) 電子伝達 (ク) ATP
問2 (3)
イス取りゲームを考えてください．
問3 物理的：温度，
化学的：pH
問4 A：インスリン B：グルカゴン
血糖値は食直後から上昇するので，…摂取時：1
このホルモンのバランスが崩れ，血糖値が正常に保てない病気が糖尿病（DM：diabetes mellitus）です．

糖尿病には，膵臓のβ細胞がウイルスや自己免疫的機序により破壊されインスリンが分泌されなくなる1型（IDDM：insulin dependent DMとも言われていました．）と，遺伝や生活習慣（肥満，運動不足）によって膵臓のインスリン分泌反応及び組織のインスリンに対する反応性の低下によって相対的にインスリンが不足している2型（NIDDM：non insulin dependent DM）に分類されます．いわゆる生活習慣病（成人病）は一般には2型DMを指します．
インスリン分泌の機構を下に模式化しました．

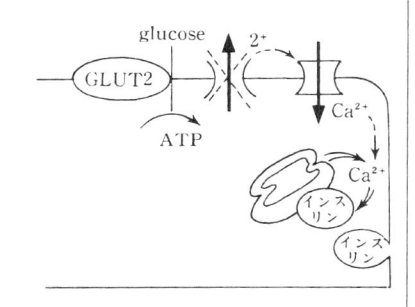

こんなところにも K, Ca などの"無機"物質が関与しているのですネ.

私は糖尿病も癌も同じくらい怖い病気だと思っています. どちらも慢性（すぐ死なないという意味で）に経過し, 徐々に消耗していって死亡する, しかもどちらも早いうちに手を打てば何とかなる（癌はモノによりますが…）と共通点が多いと思うからです.

ところが実際に Bed Side で患者さんに聞いてみると, 癌といわれると「目の前が真っ暗になった」とか「死を宣告された気分になる」といった話が聞かれますが, 糖尿病は「病気のうちにはいんない」という人が大多数です.

私が糖尿病が癌と同じくらい怖いというのにはその合併症があるからです.

3大合併症である, 網膜症（retinopathy）, 神経症（neuropathy）, 腎症（nephropathy）の発生で QOL（quality of life）を低下させるだけでなく, 脳梗塞, 心筋梗塞の risk factor となって命を脅かしたりと, 実に怖い病気です. 糖尿病は放っておくと3大合併症の網膜症, 神経症, 腎症を順に発症し, 腎症が進むと, 人工透析といって週に3日, 4時間くらい, 血液をキレイにするために病院の人工透析器に繋がれなければなりません. 最近は人工透析導入となった DM 患者さんの予後はだいぶよくなりましたが, それでも…

人工透析にももちろん医療費はかかりますが、患者さんの負担はほんの一部です。実際に1人の患者にかかる透析療法の総医療費は年間500万〜600万円といわれていて、手元にある資料で見る限り、2002年度時点で透析を受けている人は約23万人ですから、透析にかかる医療費は膨大な額（1兆円 over!）になりますね。2002年度の医療費は30兆1700億円でした（この年度の国債償却分を除いた一般会計は47兆5472億円！）。しかも透析患者は毎年約1万人ずつ増加しています… ■

さて、例題24-1の図4を見てもわかるようにインスリンには普段から少し出ている分（基礎分泌）と食事などを機に血糖が上昇して出る分とがあります。糖尿病患者（特に1型）が食事をしなかったからと、インスリンの使用を省いたとしたらどうなるでしょう？
インスリン保充療法が導入されている患者さんでは、基礎分泌分のインスリンすら出ない人がほとんどですから、高度の血糖上昇、ケトン体（糖尿病では糖分をエネルギー源に使えないため、脂質を用いる。その代謝の結果生じる、アセトン、アセト酢酸、ヒドロキシ酪酸を指す。）が蓄積し、体液 pH が酸性に傾き、意識障害（昏睡）、脱水をきたします。
この状態をケトアシドーシスといいます。糖尿病患者で起こる昏睡にはもう1つ非ケトン性高浸透圧性昏睡と呼ばれる病態があります。こちらは主に2型 DM で多いといわれ、感染や下痢、ストレスなどをきっかけに細胞内脱水が生じ起こります。

そこで次の浸透圧に関する問題を見てください。

── 例題24-2 ──────────────

次の文章を読み，問1〜5に答えよ．

動物には①体液の浸透圧や各種物質の濃度を一定の範囲に保持する機構がある．細胞外液は組織間液及び血液中の血漿からなる（図1）．組織間液と血漿との間では，自由に物質のやりとりが行われる．血漿の浸透圧は，ナトリウムなどの塩類濃度によってほぼ決定され，細胞内外の体液のバランスや体内を循環する血液量（循環血液量）を調節する重要な要素

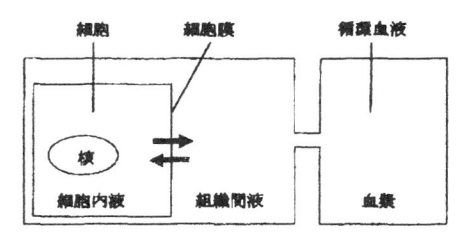

図1　動物の体液の概念図
（太い矢印は水やイオンの移動を表わす）

である．ヒトの脳の視床下部には浸透圧受容体が存在する．浸透圧受容体は，血漿浸透圧が上昇すると刺激される（血漿浸透圧が下降する場合には，ほとんど刺激されないと考えられている）．血漿浸透圧が上昇すると，図2の矢印で示した変化が順次起こり，血漿浸透圧が正常になるように調節される．すなわち，血漿浸透圧が上昇して浸透圧受容体が刺激されると，渇中枢が刺激され，飲水行動が誘発される．また，バソプレシン（抗利尿ホルモン）が分泌され，尿として排泄される水分量が減少する．

体内の水分量が減少した状態を脱水という．水分の喪失が塩類の喪失に比べて大きい場合には，血漿浸透圧は上昇する．血漿浸透圧の上昇を伴う脱水を高張性脱水という．逆に，水分の喪失が塩類の喪失に比べて小さい場合には，血漿浸透圧は低下する．血漿浸透圧の低下を伴う脱水を低張性脱水という．

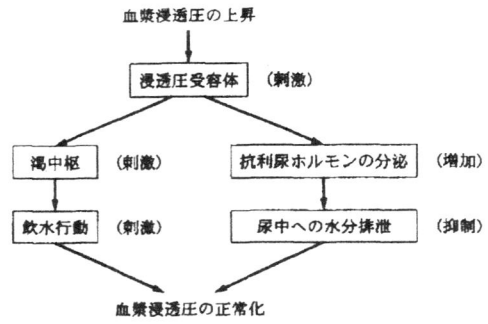

```
           血漿浸透圧の上昇
                ↓
         ┌──────────────┐
         │ 浸透圧受容体 │  （刺激）
         └──────────────┘
            ↙        ↘
     ┌──────┐    ┌──────────────────┐
     │ 渇中枢 │(刺激) │ 抗利尿ホルモンの分泌 │（増加）
     └──────┘    └──────────────────┘
        ↓                ↓
     ┌──────┐    ┌──────────────────┐
     │ 飲水行動 │(刺激) │ 尿中への水分排泄 │（抑制）
     └──────┘    └──────────────────┘
                ↓
           血漿浸透圧の正常化
```

図2　血漿浸透圧が上昇した場合の浸透圧正常化の機構

問1　下線部①の機構によって獲得している性質をなんというか．

問2　細胞膜のように，体液の溶媒である水は透過させるが溶質は透過させない膜をなんというか．

問3　ヒトの赤血球を5％食塩水あるいは純水に浸した場合，どのような現象が起こるか．それぞれについて簡潔に述べよ．

問4　血漿浸透圧が上昇すると，抗利尿ホルモンが腎臓に作用して水分の再吸収を刺激し，尿中への水分排泄を抑制する．この場合にもし，抗利尿ホルモンが分泌されない

とすれば，尿量および血漿浸透圧はどのように変化すると予想されるか．それぞれについて簡潔に述べよ．

問5　脱水による血漿量の低下は，循環血液量の低下をもたらし，様々な臓器に悪影響を及ぼすが，低張性脱水は高張性脱水よりも重症である場合が多い．その理由を，「浸透圧受容体」，「循環血液量」の2つの語句を用いて250字以内で説明せよ． (大阪大 生物での出題)

(解答・解説)

問1　恒常性（homeostasis）

問2　半透膜

問3　赤血球と5％食塩水，赤血球と純水のどちらが高張か比べろという問題ですが，赤血球と純水とは明らかなので，赤血球と5％食塩水とも"文脈"からわかるかとも思います．生理食塩水というのは0.9％の食塩水を言い，このとき"生理"的つまり，浸透圧の平衡が保たれているわけだから，赤血球のほうが5％食塩水より低張です．より高張のほうへ水が移動するので…

5％食塩水：赤血球から水が流出し体積が小さくなる．

純水：赤血球に水が流入し破裂する．

問4　水分の再吸収が行われないとしたら，外から水分を摂ってでも血漿浸透圧を一定に保とうとするはずです．

尿量：ADH（anti diuretic hormone）が出ないので，尿量は減少しない．

血漿浸透圧：浸透圧受容体が刺激され水分を外から摂取しするので，血漿浸透圧は本来の状態に戻る．

問5　図2を眺めていれば答えは出ると思います．

高張性脱水では，浸透圧受容体を刺激し，飲水行動を促進し，尿への水分排泄を抑制することで，循環血液量を確保するが，低張性脱水ではこれらの feed back が起こらないので循環血液量を確保できず血液組織間で物質のやり取りに支障をきたすため． ■

　今回最終回として糖尿病をネタに取り上げましたが，たった一つの病気から浸透圧異常，pH 異常，電解質異常など様々な病態が起こります．もちろんそれに応じるように様々な症状を呈します．

　皆さんは受験に向けて色んなことを一つ一つを別個に覚えて乗り越えようとしていませんか？　受験くらい（といったら失礼？）で覚えなきゃいけない量はたかが知れていますが，晴れて受験を突破し専門の道に足を踏み入れると丸覚えしようと思ってもちょっとムリという量にぶち当たるでしょう．

　概念を覚えておいて（あと少数の定義も）そこから様々なことを芋蔓式に引っ張ってこれる引き出しをもてるように今から訓練してみてください．もちろん私も今も訓練中です．高校化学の範囲で最低限覚えておかなければならないことは毎回コラムの最後に箇条書きにまとめたつもりです．もう一度見直して，その回の例題に取り組んでみてください．

　受験なんてくだらない競争だという人がいますが，生物の進化を見てみてもいつも競争です．その競争は勝つことに意味があるのではなく，競争を勝ち抜こうと努力することに意味があるハズです．これからは No.1 より only 1 の時代です．自分の興味の持てる事を日々の競争の中で見つけ究めていきたいですネ．

それではいつかまたどこかで.

〈参考文献〉

Cecil Essential of Medicine¥ Thomas E., MD Andreoli（著）WB Sannders Co.

Watson J. D. & Crick F. H. C .: Molecular Structure of Nucleic Acids. Nature 1953（171）: 737-738.

著者紹介：

枝窪俊輔（えだくぼ　しゅんすけ）

1981年，静岡県生まれ，東京都育ち．某大学理学部を経て医学部へ進学，卒業．学生時代に大学受験塾講師やLEC東京リーガルマインド大学非常勤講師，個人教授などを経験．暗記に頼らず原理を大事にする考え方を教え子と模索．現在は，基礎医学特に生理学・薬理学に最も近い臨床医学である（と著者が考えた）麻酔・集中治療を専門に研鑽．

医学・薬学のための Based Science
化　学　入　門

2010年11月19日　初版1刷発行

|検印省略|

著　者　枝窪俊輔
発行者　富田　淳
発行所　株式会社 現代数学社
〒606-8425　京都市左京区鹿ケ谷西寺ノ前町1
TEL&FAX 075-751-0727　振替 01010-8-11144
http://www.gensu.co.jp/

© Shunsuke Edakubo 2010
Printed in Japan

印刷・製本　株式会社 合同印刷

ISBN978-4-7687-0337-3

落丁・乱丁はお取替えいたします．